神奇创造力
改变世界的伟大发明

中国大发明

陈靖轩 ◎主编

黑龙江科学技术出版社
HEILONGJIANG SCIENCE AND TECHNOLOGY PRESS

图书在版编目（ＣＩＰ）数据

神奇创造力：改变世界的伟大发明．中国大发明 /
陈靖轩主编．-- 哈尔滨：黑龙江科学技术出版社，
2024.5
ISBN 978-7-5719-2377-8

Ⅰ．①神… Ⅱ．①陈… Ⅲ．①创造发明－中国－少儿
读物 Ⅳ．① N19-49

中国国家版本馆 CIP 数据核字（2024）第 081287 号

神奇创造力：改变世界的伟大发明．中国大发明
SHENQI CHUANGZAOLI : GAIBIAN SHIJIE DE WEIDA FAMING . ZHONGGUO DA FAMING

陈靖轩　主编

项目总监	薛方闻	
责任编辑	赵雪莹	
插　画	上上设计	
排　版	文贤阁	
出　版	黑龙江科学技术出版社	
	地址：哈尔滨市南岗区公安街 70-2 号　邮编：150007	
	电话：(0451) 53642106　传真：(0451) 53642143	
	网址：www.lkcbs.cn	
发　行	全国新华书店	
印　刷	天津泰宇印务有限公司	
开　本	710 mm×1000 mm 1/16	
印　张	4	
字　数	48 千字	
版　次	2024 年 5 月第 1 版	
印　次	2024 年 5 月第 1 次印刷	
书　号	ISBN 978-7-5719-2377-8	
定　价	128.00 元（全 6 册）	

前言

嗨，亲爱的小读者，你好，欢迎阅读这套为你精心打造的科普图书。

本套书分为6册，精选了72个影响深远的创造发明。图书运用活泼有趣的图文形式，深入浅出地讲述了人类为什么创造这些发明，它们是如何被发明的以及原理是什么，对人类产生了怎样的影响等内容。

另外，本套书还介绍了发明创造的思维方法，通过具体的发明讲解，使我们了解和掌握这些思维方法，让我们也能像发明家那样思考。

每一项发明都代表着人类文明的进步。让我们穿越时空，纵览中华文明的进步史；让我们环游世界，探索那些改变世界进程的科技发明；让我们打开脑洞，感受我们身边那些有趣的发明。

嘿嘿，发挥好奇心，动手搞发明，没准你就能成为一名小小发明家呢！

好，现在出发，让我们开启一段发明与创造的探索之旅吧！

目录

指南针

指南针的发明

发明时间： 战国时期

发 明 家： 中国古代劳动人民

发明内容： 指南针是一种能够辨别方向的仪器，常用于航海、行军和旅行中

指南针是我国古代四大发明之一，能为我们准确辨别方向，可以说我们生活的方方面面都有它的影子。可是你知道指南针是什么时候发明的、怎么发明的吗？古人在没有指南针之前是怎么辨别方向的呢？大家一定很好奇吧，让我们一起来了解一下吧！

指南针发明之前

指南针发明之前，古人也有辨别方向的"绝技"。太阳升起的地方是东方，落下的地方是西方，中午太阳所在的方向为南方，剩下的就是北方啦！到了夜晚，北斗七星所在的位置就是北方。

指南针是怎样发明的

很久以前，古人无意中发现了一种能吸住铁杵的石头——磁石，后来又发现了磁石有指向性。于是，古人做了改进，将磁石的做成了"勺子"形状，并起名为"司南"，这就是最初的指南针。

司南能帮助古人辨别方向，测定太阳的方位，进而确定农耕的时间，方便了人们的生活。但它也有很多缺点，比如加工成"勺子"的过程艰难、容易损坏、时间越长磁性越差等。

后来，民间的一些匠人将铁片放在磁石上摩擦，这样铁片就有了磁力，将带有磁力的铁片剪成小鱼状，把小鱼放在水中，小鱼会自动向南方游去，这就是指南鱼。

指南针的发展历程

司南

把磁石制成勺子形，放在光滑的铜盘上，勺柄始终指向南方。

指南针的发明经历了一个漫长的过程，是不同时期的人们不断改进的结果。因此，不同时期的指南针的形式也不相同。

随着技术的进步，人们发现把磁铁片磨成针，指示的方向更加准确，而且方便携带。后人在磁针下面安装了一个方位盘形成了罗盘针，指南针就这样一步步形成了。

2 指南鱼
将有磁性的铁片制成鱼形，放在水中后，较细的鱼头部分始终指向南方。

3 水浮式指南针
把磁石磨成针。

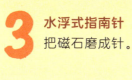

放在水里，较细的部分始终指向南方。

指南针发明之后

指南针是我国古代科技成就之一，它的出现对我国航海和渔业产生了重要影响，对我国天文学和地理学的发展也起到了重要作用。指南针在我国得到应用后，很快就传入了其他国家，推动了我国与周边国家和地区的交流。

大约12世纪，指南针传入阿拉伯地区，继而传入欧洲。指南针在国外得到不断的发展和应用，直接推进了哥伦布对美洲大陆的发现和麦哲伦的环球航行，改变了人们对世界的认知，推动了世界范围内航海和探险活动的进步。

军事

在军事行动中，确定战场方向，协助领导者做出更明智的战术决策。

航海

航海家在大海中需要使用指南针辨别方向。

指南针的用途

野外探险

野外环境复杂，方向难辨，探险家需要借助指南针辨别方向。

电子罗盘

人们将指南针改进成了电子罗盘，主要用于导航定位，智能手机中基本上都有这个软件。

知识爆料馆

秦朝 据说秦始皇命人建造阿房宫时，曾用磁石制作宫殿的大门，当带有铁制武器的人经过时，此人身上的铁制武器就会被磁石门紧紧吸住，让人寸步难行。

北宋 北宋科学家沈括在其著作《梦溪笔谈》中介绍了一些利用磁针指示方向的方法。

第一种是碗唇旋定法：将磨好的磁针放在碗唇上，轻轻拨动磁针，让其在碗唇上旋转，碗唇上的磁针停下来时针尖指向的方向就是南方。

第二种是指甲旋定法：将磨好的磁针放在指甲上，让其在指甲上旋转，磁针停下来后针尖指向的方向就是南方。

第三种是缕悬法：将磁针用蚕丝悬挂起来，让其在平衡状态下自然旋转，磁针停下时针尖指向的方向就是南方。

第四种是水浮法：把磁针横穿在灯芯草上，使它能够和灯芯草一起漂浮在水面上，让磁针在水面自然旋转，磁针停下来时针尖指向的方向就是南方。

北宋地理学家朱彧所著的《萍洲可谈》记载：人们乘船在海上航行时，白天天气晴朗时看太阳辨别方向，晚上看星星辨别方向，碰到阴雨天气时就看指南针。

明朝 著名航海家郑和下西洋时曾使用罗盘来指引方向，还有专门测定方位的技术人员。

造纸术

纸的发明

发明时间： 105年

发 明 家： 蔡伦

发明内容： 一种片状纤维制品，可以用来书写和绘画

生活中随处可见纸制品，比如便笺纸、书籍、餐巾纸等。这些便利生活的纸，你知道是什么时候发明的？是怎么发明的吗？古人在纸出现之前用什么呢？大家一定很好奇吧，让我们一起来了解一下吧！

纸发明之前

纸发明之前，人们把文字刻在龟壳或兽骨上，这些文字被称为甲骨文。随着社会的发展，要记录的事情越来越多，人们发现木片和竹片更方便实用，这些文字载体被称为木简和竹简。

纸是怎样发明的

据考古发现，西汉时已经出现了造纸术，有了麻质纤维纸。到了东汉时期，经济和文化更发达了，人们也更加渴望有一种既方便又便宜的纸。此时有一位叫蔡伦的太监，他决心找出一种更好的造纸方法。因此，只要一有空他就会去造纸作坊学习。

蔡伦认为，只有改进造纸的原料和方法，才能造出实用且便宜的纸。为了增加造纸原料的种类，他和工匠们反复实验，发现树皮、破布、渔网等原料都能用来造纸。

造纸的工艺流程

1 原料的分离
用沤浸或蒸煮的方法，将原料分散成纤维状。

2 打浆
用切割和捶捣的方式切断纤维，将其捣成纸浆。

3 **抄造**
将纸浆掺水制成浆液，然后用捞纸器捞浆，使纸浆在捞纸器上形成薄薄的湿纸。

4 **干燥**
将湿纸晒干或晾干，揭下来就是成型的纸了。

造纸术是我国古代四大发明之一，中国也是世界上最早发明造纸术的国家。

　　造纸的原料丰富了，纸的产量也得到大幅提高。蔡伦还改进造纸技术，摸索出新的造纸方法，使造出来的纸很便宜，因此很快推广开来。从此，纸走进了寻常百姓家。

　　后来，人们为了纪念蔡伦的功绩，便将这种纸称作"蔡侯纸"。

纸发明之后

造纸术加速了文字的传播，促进了文化交流，同时推动了文献的生产发展，有利于文化的传承。纸张成为人们文化生活和日常生活的必需品。

造纸术的伟大，不仅在于对人们的日常生活产生了巨大的影响，还在于衍生出了许多关于纸的艺术品，比如剪纸、折纸等。

造纸术经阿拉伯人传入欧洲，廉价的纸张很快取代了欧洲长期使用的书写材料——羊皮和小牛皮，促进了欧洲文化的发展。

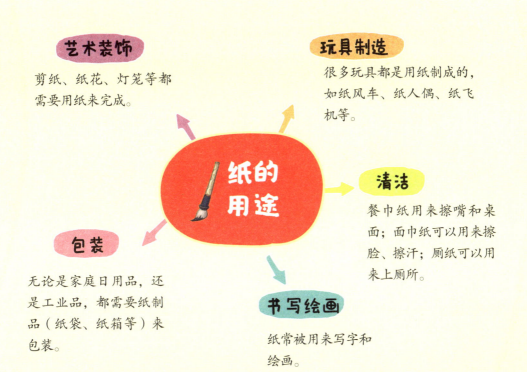

艺术装饰
剪纸、纸花、灯笼等都需要用纸来完成。

玩具制造
很多玩具都是用纸制成的，如纸风车、纸人偶、纸飞机等。

纸的用途

清洁
餐巾纸用来擦嘴和桌面；面巾纸可以用来擦脸、擦汗；厕纸可以用来上厕所。

包装
无论是家庭日用品，还是工业品，都需要纸制品（纸袋、纸箱等）来包装。

书写绘画
纸常被用来写字和绘画。

知识爆料馆

汉朝　西汉出现了粗糙的麻制纤维纸，东汉蔡伦改进造纸术，纸张得到普及。汉朝末年，书法家左伯改进造纸术，造出来的纸厚薄均匀，质地细密，色泽鲜明，世称"左伯纸"。

魏晋南北朝　造纸技术不断提升，纸的类别也不断增多，如麻纸等。晋朝还发明了新技术——浸染再造，造出了呈天然黄色的纸，也叫黄麻纸，具有防虫效果，延长了纸张寿命。

隋唐　宣纸诞生之后一直被用于绘画和书写，是举世闻名的珍品。唐朝抄录经文的硬黄纸以及五代十国至北宋时期被认为最好的纸——澄心堂纸，均属于宣纸。

宋朝　造纸业繁荣，创造出了用楮皮和草料纤维，如稻草、麦秆等混合制成的纸张，质量更胜一筹。废纸再造的"还魂纸"，是废纸再利用的早期代表。此外，纸张还被用于制造钱币。

明朝　造纸业更加发达，南北方都产纸，且造纸原料逐渐分为竹类和棉类两大类。纸的种类达到100多种。南方还从家庭作坊扩大为手工业作坊，出现了新的雇佣关系。

清朝　造纸工艺和规模进一步发展，传统原料已不能满足市场需求，竹纸占领主要地位，草浆原料也得到发展。

19世纪末期　我国开始使用机器造纸，造纸工艺至此进入现代社会飞速发展阶段。

印刷术

印刷术的发明

发明时间：唐朝、北宋

发明家：古代劳动人民、毕昇

发明内容：雕版印刷术和活字印刷术

印刷术包括雕版印刷术和活字印刷术，虽然现在很少见到这两种印刷方式，但是在古代，印刷术的发明让古人实现了"看书自由"，加快了文化的传播。那么，你知道印刷术是在什么时候发明的吗？印刷术发明之前人们看的书是怎么来的呢？让我们一起来了解一下吧！

印刷术发明之前

纸被发明之前，文字大多刻写在木片、竹片、丝帛上；造纸术出现后，古人看的书都是出自抄书人之手。然而人工抄书费时又费力，很容易出错，还会出现篡改原文的情况，因此古人很难看到原版的书籍。

印刷术是怎样发明的

　　到了东汉，著名书法家蔡邕将一部分经典刻在石碑上，让人们自己抄写，降低了错误率，但速度较慢，于是有人想出了"拓印"，就是将纸铺在石碑上，用刷子蘸墨，再均匀地涂在纸上，把纸揭下来后，黑底白字的拓片就完成了。

　　印章也是一种印字方法，只不过印章上的字是反着刻的。在印章和拓印法的启示下，人们发明了雕版印刷术。

活字印刷术的工艺流程

烧活字
将胶泥弄成方形，然后做成一个个大小相等的活字，并放在窑里烧制，让其变硬。

2 晾干活字
将烧好的活字晾干，在铁板上涂上松脂、蜡等药剂，将活字按照顺序放在铁板上。

印刷术是我国古代四大发明之一，它经历了几千年的改进和发展，源远流长，传播广远。

雕版印刷术的工艺复杂，制作费时费力，材料也很昂贵，并且还容易出错。

北宋时期，一个叫毕昇的工匠为了加快印刷速度，尝试在胶泥上刻单字，并将其烧干，再把字组合起来，成为一块方便印刷的印版，这就是活字印刷术。后人据此又发明出木活字、铜活字、铅活字等。

3

固定版面
检查铁板上字的顺序无误后，将铁板放在火上烤，铁板上的药剂熔化后版面就固定了。

4

印刷
在印版上刷墨，然后铺上纸，轻轻压一下，字就印在纸上了。

印刷术发明之后

　　印刷术是我国劳动人民经过长期的实践和研究发明出来的，体现了我国劳动人民的智慧和高超的技术，是世界印刷史上的一次技术革命。在之后的很长一段时间，雕版印刷术与活字印刷术共存，方便了古人印刷书籍，使书籍变得容易获得和保存，让更多的人获得知识，促进了知识和文化的传播。

　　我国古代人民发明出雕版印刷术后不久，这项技术就传入了很多国家，如朝鲜、日本、埃及以及中亚和欧洲的一些国家和地区。毕昇发明活字印刷术后大大提高了印刷的效率，为后期印刷术的发展奠定了坚实的基础。约400年后，德国人谷登堡发明出铅活字印刷术，使印刷术在世界范围内得以发展。

印刷术的用途

传播知识

能将知识印在纸上形成书籍、报纸等，进而广泛传播。

文化保护

一些珍贵的古籍、艺术作品可以通过印刷的方式进行保存，防止失传。

促进经济

印刷术的发明能将商品信息传播给很多人，让更多的人了解商品内容，促进了经济的发展。

传播文字

我国古代的一些文字因印刷术的出现而得到保存，有利于我国文字的流传。

生活便利

将各种文件和学习资料印刷出来，大大方便了工作和学习。

知识爆料馆

泥活字　毕昇虽然创造出了泥活字，但是没有得到当时的统治者和百姓的认可。毕昇去世后，他创造的泥活字也跟着消失了，但是他发明的活字印刷技术却永久地流传下去了。

转轮排字架　元代农学家王祯设计了一种转轮排字架，将制好的活字依韵排列在两个圆盘中，工人坐在两个圆盘的中间，轻轻转动圆盘，就能在短时间内挑选出需要的活字。

木版水印　既然文字能印刷成书，那画是不是也可以呢？在不断的实践中，古人发明了能够批量印刷彩色画的方法——木版水印。木版水印是一种分色套印的印刷方法，就是将原本画作中出现的颜色都制成单独的雕版，印刷时刷上不同的颜色，每刷完一种颜色，就换一次印版，最后就出现了一幅彩色的画。

秦始皇与活字印刷　我们知道活字印刷是宋朝时期出现的，但其实早在秦朝就有了活字印刷的思想。考古学家在秦朝时期的陶量器上发现了用木戳印制的约四十字的诏书，认为这是我国活字印刷的开始，只是在社会环境和技术的影响下，这种思想未能普及。

火药

火药的发明

发明时间： 唐朝

发 明 家： 炼丹家

发明内容： 硝石、硫黄、木炭遇热后，因发
生了化学反应而爆炸

　　我们看到的烟花、爆竹以及现代武器基本上都是以火药为主要原材料发展而来的。火药的用处非常大，不过你知道火药是什么时候发明的、怎么发明的吗？发明者又是谁呢？大家一定很好奇吧，让我们一起来了解一下吧！

火药发明之前

　　冷兵器时代，原始人类使用的都是一些简单武器，如木棍、石头等，还常用火把来驱赶野兽；后来科技发展，人们掌握了铸铁的技术，便出现了一些像刀、剑、矛、锤、匕首等的铁制武器。

火药是怎样发明的

在我国古代，一些帝王、贵族为了长生不老，便下令让一些炼丹家炼制"仙丹"。为此，炼丹家们夜以继日地炼制丹药，一次，炼丹炉意外爆炸了，就这样人们发现了这种"会爆炸的药"。

火药真正出现于唐朝，人们称其为"黑火药"。孙思邈不仅医术高超，据说他对炼丹术也非常感兴趣。在一次制作丹药时，他将硝石、硫黄、炭化了的皂角这三种原料按照一定的比例混合，遇火后竟然发生了爆炸。

获取火药原料的方法

收集硝土
首先，收集一定量的硝土。一些老房子的墙角处会有一些白色晶体，这些白色晶体就是硝土。

2 熬硝水
将大盆里的硝土压实，然后注入一些水，并用漏网过滤，得到硝水，最后把硝水放到大锅中熬。

3 **获硝石**
硝水熬制一定时间后，得到的白色晶体就是硝石。

4 **获硫黄**
在火山、温泉附近能找到一些硫矿，将采集的矿石加工后就能得到硫黄了。

5 **获木炭**
将木材经过特殊加工后进行烧制即可获取木炭。

火药是我国古代四大发明之一，凭借其巨大的威慑力和杀伤力，成为人类用于防卫的武器之一。

就这样，古人掌握了制作火药的原材料和比例，在后人的加工、设计下出现了很多与火药相关的物品，比如烟花、爆竹、武器等。

火药发明之后

火药发明之后，人们将其用于制作各种杀伤性武器，制作出的火器多种多样，并广泛应用在战争中，开启了一个崭新的兵器时代。

唐朝末期，将士将火药绑在箭镞上，以增加伤害性。宋朝末年，火药迅速发展，出现了"震天雷""霹雳炮"等爆炸力极强的武器。元、明时期，火药更是大显神威。

唐朝时期，硝石和火药知识传到了伊斯兰国家，之后又传到欧洲的一些国家和地区，这让欧洲的一些军事家非常震惊，并发明出许多威力强大的大炮，进而改变了军事作战方式。

火药并不是只用于军事方面。唐朝中期，人们制作出内含火药的爆竹；宋朝时期，燃放烟花爆竹变得十分普遍，还经常出现各种烟花晚会，十分壮观。

制作烟花爆竹

重大节日时人们常用烟花爆竹来庆祝。

制作武器

人们利用火药制作出各种火器。

火药的用途

工程爆破

人们在修路、建房时需要清除障碍物、拆除旧建筑，这就要借助火药的威力了。

知识爆料馆

中国雪　我国古人发明的火药，传入了很多国家，而火药中的原料硝石被阿拉伯人大量购入，用作治病的药材。由于硝石是白色的，阿拉伯人将其称作"中国雪"。

世界航天第一人　据说，明代时期一个叫万户的人，总结前人经验，在不断的实践后做出了"火箭"。他将制成的许多"火箭"绑在椅子上制成了"飞天椅"，想借助"飞天椅"把自己送到天上去。虽然最后失败了，但他被认为是人类进行载人火箭飞行尝试的先驱。

抗倭　明朝末期，倭寇在我国沿海横行霸道，有人利用火药发明出了虎蹲炮，这种武器在抗倭战争中大显神威。

爆竹　在火药发明之前，人们怎么来庆祝节日呢？人们通过火烧竹子来制造清脆的声音。由于竹子的内部是空的，所以放在火中烧时，内部空气会膨胀，进而导致竹子爆裂，发出噼啪声。由于是竹子产生的声音，所以称为"爆竹"。

打铁花　古人在冶铁时发现高温铁能出现美丽的火花，于是受到启发，用铁棒向上击打高温的铁汁，就能在空中形成美丽的金色花朵，这就是最初的烟花。

汉字

汉字的发明

发明时间：约6000年前

发 明 家：仓颉

发明内容：记录汉语的文字

汉字经过数千年的演变才呈现出今天的样子。作为中华民族的一员，我们说的是汉语，写的是汉字，但是你知道汉字是什么时候发明的、怎么发明的吗？古人在没有汉字之前如何记事，如何传递信息呢？大家一定很好奇吧，让我们一起来了解一下吧！

汉字发明之前

很久以前，语言的出现让先人的交流变得非常方便，但人的记忆力有限，很容易就忘记了。于是，我们的祖先开始通过打绳结、契刻来记录信息，后来人们开始将看到的事物画到石壁上。

汉字是怎样发明的

　　据说在上古时期，黄帝当上部落首领后，需要处理的事务越来越多，便下令让史官仓颉创建一套各部族共用的符号。于是，仓颉在先人的基础上，把图画等收集、整理到一起，根据每个事物的形象创造出了象形文字。

　　后人根据读音、意思等创造了不同的文字，并且各个时期的文字都有特定的风格。文字刻在陶器上就是陶文。到了商朝，人

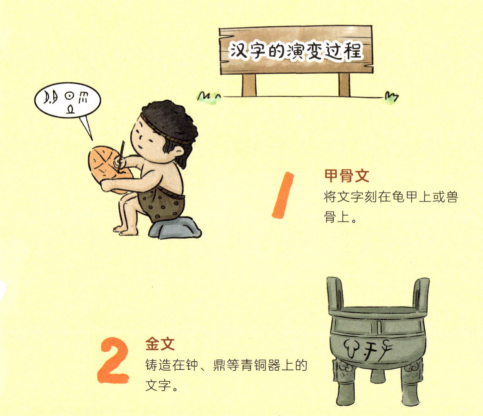

汉字的演变过程

1　甲骨文
将文字刻在龟甲上或兽骨上。

2　金文
铸造在钟、鼎等青铜器上的文字。

汉字已有六千多年的历史了，是世界上最古老的文字之一。

们开始在龟壳、兽骨上刻字，这就是我国最早形成体系的文字——甲骨文。西周时期，青铜铸造业发达，人们便在钟、鼎等青铜器上铸字，这就是金文。秦朝时期，秦始皇下令全国使用小篆，汉朝出现了隶书，魏晋时期出现了楷书等。经历几千年的发展和演变，汉字才成了现在的样子。汉字是中华文明的象征，代表着我国几千年文明的发展历史。

3 小篆、隶书
秦朝和汉朝出现了小篆、隶书。

日月車馬

日月車馬

4 楷书、行书、草书
楷书、行书、草书都是后期出现的。

日月车马

日月車馬

日月車馬

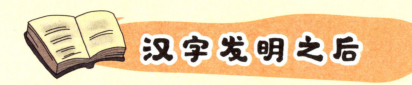

汉字发明之后

汉字发明之后，一开始刻铸在各种器物上，如龟壳、青铜器、木简等。后来人们发明了书写工具——毛笔和墨，有了笔和墨，人们将字写在了木片、竹片或丝帛上。后来又发明了纸，可以说，是因为文字的出现才有了后面一系列的发明创造，汉字推动了整个文明的进程。

在中国几千年的历史中，汉字是承载文化的重要工具，加快了中华文明的传播速度，对统一中华文化、加强民族凝聚力有着重要作用。

记录信息

中国几千年的文化，依靠文字保存至今。

表达思想

人们可以通过文字记述的方式表述自己的思想和情感。

汉字的用途

影响他国

一些国家的文字是在汉字的基础上形成的，如日文。

民族团结

汉字作为中国通用文字，具有促进民族团结和繁荣的作用。

蒙恬造笔　秦始皇统一六国后，任命蒙恬为大将军。据说，蒙恬在外打仗时，需要向秦始皇汇报紧急军情，由于刻字太慢，他情急之下，将武器上的红缨扯下来，捻在一起，蘸着墨汁写字，很快便将战报写好，并送到秦始皇手中。后来，蒙恬又以兔毛和竹管为材料，制作出了毛笔。

墨的产生　考古学家发现挖掘出的新石器时期的陶罐上有天然墨的痕迹，还在出土的春秋末期的竹简上发现了用墨书写的文字。《齐民要术》一书是北魏农学家贾思勰所著，书中记载了制墨的配方和方法。

武则天造字　我国古代第一位女皇帝武则天在位期间曾命人创造汉字，据说创造了18个。随着武则天政权的落败和时间的推移，这18个字如今只剩一个，并且也极少有人用，后人将这些字称为"则天文字"。

错讹字　错讹字是指古人在传抄、书写时产生的错别字。一般情况下，错讹字是因为避讳某个当政者的名字而故意写错的字。例如，李世民当上皇帝后，一些人为了避讳"民"字，故意在抄书时将"民"写作"𢆡"。

现代造字　为了更好地记忆一些专有名词，人们根据形声法和会意法创造了一些汉字，如氕、氚、氧、锂、镁、钙、锰、萘、羰等。

《九章算术》

《九章算术》的编写	**编写时间：** 先秦时已有部分内容
	著　　者： 历代增删，刘徽所注《九章算术》流传至今
	主要内容： 九种算术方法

　　我们从小就开始学习数学，生活中处处渗透着数学知识。可是你知道算术是什么时候发明的？是怎么发明的吗？古人在不会算术之前是怎样计数的呢？大家一定很好奇吧，让我们一起来了解一下吧！

《九章算术》成书之前

　　原始社会，人们的的算术方式还不发达，主要通过十根手指来计数。后来，捕获的猎物越来越多，十根手指已经无法满足计数需求了，于是人们开始使用石头和木条，但很容易乱套，后来便出现了结绳计数等方式。

《九章算术》是怎样成书的

　　在原始社会，人们没有算术的概念，但随着时间的推移，先民从野蛮走向了文明，逐渐有了数与形的概念，还形成了各种数字符号与图形。古代社会以农事为主，农民需要计算田地的面积、产米的数量等，因此，西周时期，先民已经有了一、十、百、千、万的运用，这是十进制的萌芽。

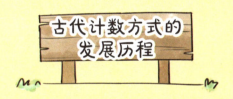

古代计数方式的发展历程

手指
刚开始时人们用手指计数。

结绳
由于记忆的事情越来越多，人们开始结绳记事。

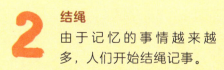

3 算筹

算筹主要通过竹制小棒不同的摆放方式来计数。

4 算盘

算盘的发明大大方便了计数。

《九章算术》是以计算为中心，以解决人们生产、生活中的实际问题为原则编写而成的。

　　春秋时期，人们已经熟练掌握十进制，并开始使用九九乘法表。到了战国时期，百家争鸣，学术界大放异彩，数学也快速发展。从战利品的分配，到赋税和农作物产量的计算，人们从生活实践中积累了大量数学知识。古人在前人知识的基础上，将数学知识分为九类。西汉时期的张苍、耿寿昌在此基础上进行修订、增补，分为九章，后经刘徽等为其进行注释，最后成书《九章算术》。

《九章算术》成书之后

　　《九章算术》是中国古人智慧的结晶，分为九章，即方田、粟米、衰分、少广、商功、均输、盈不足、方程、勾股，涉及加减乘除的运算、分数的运算、比例问题、面积和体积的运算、古代赋税的运算等多项数学知识，它的出现标志着我国古代数学体系的形成。我国后世的数学家都是从《九章算术》一书中学习和研究数学知识的。

　　《九章算术》对世界数学发展有着很大的影响，已被翻译成多种文字，是世界古代数学名著之一。

培养算术思维

书中的运算规则，能加强学习者对数字和数量的认识，培养算术思维。

锻炼逻辑思维

涉及的几何问题，需要有一定的逻辑思维，才能找到问题的答案。

《九章算术》的用途

勤学苦练

要求学习者进行大量练习，侧面培养学习者勤学苦练的精神。

文化价值

是我国古代的数学教材，具有很高的文化价值。

算筹　算筹是古代的一种计算工具，一般由长短、粗细相同的小木棍组成，也有用骨、玉、铁等制作而成的。不用的时候，将一定数量的木棍或骨捆在一起拴在腰间，需要计算的时候，就把它们摆在桌子上进行计算。在《九章算术》出现之前，算筹功不可没。

算盘　算盘是我们的祖先发明的一种计算工具，元、明之后算盘取代了算筹，成为我国古代主要的计算工具，后来流传到东南亚各国，影响深远。现在虽然计算机成为主流计算工具，但是一些行业依然使用算盘。

古典数学的热潮　明朝时期，八股文成为入仕的主考科目，人们的思想被禁锢，导致数学的发展停滞不前，一些所谓的数学家连一些基本的数学知识都不知道。清朝时期的康熙帝喜欢数学，这让数学逐步发展起来。后来，乾隆帝下令编撰《四库全书》，里面出现了很多数学专著，这掀起了学习古典数学的热潮。

最初的《九章算术》没有给出任何数学概念的定义，也缺少推导和证明过程。直到魏晋期间，伟大的数学家刘徽为《九章算术》作注，才大大弥补了这个缺陷。

中医

中医的出现

出现时间： 上古时期

创 始 人： 神农

有关内容： 经过长期的医疗实践，我国先民在地理物候、阴阳、五行等自然学科和哲学等理论基础上形成的一门医学

中医是我国前人独创的传统医学，从古至今在保护人们的健康方面发挥着重要的作用。那你知道中医是什么时候出现的吗？中医没有出现之前，人们是怎样治病的呢？大家一定很好奇吧，让我们一起来了解一下吧！

中医出现之前

很久之前，人们身体不适或某个部位受伤时，一般通过拍打、抚摸伤痛部位和周围，或用火烘烤等方式来减轻身体的疼痛，但这种方法并没有多大效果，很多人饱受疾病的折磨，痛苦不堪。

中医是怎样出现的

　　从神农尝百草开始，前人不断摸索植物、动物以及矿物的各种药性和疗效，渐渐地形成了中医理论。到了战国时期，名医扁鹊汲取前人经验总结出一套完整的诊断方法，包括观察病人的脸色、舌苔，聆听病人发出的声音，询问病人的症状，为其诊脉，这就是望、闻、问、切的诊断方法，其奠定了中医学的切脉诊断方法，开启了我国中医学的先河。

四种诊断方法

1
望
观察患者的气色。

2
闻
听患者的声音。

我国劳动人民经过几千年的实践，证明了中医对于治病、防病和养生都是有效的。

东汉时期，医圣张仲景广泛收集药方，不断实践，总结出了辨证和论治两个过程，即先认识疾病，后治疗疾病，此理论是中医的灵魂所在。

东汉末年，名医华佗不断钻研医术，发明了麻沸散，并开创了中医外科手术的先河。后来，孙思邈、李时珍等医学家不断总结、实践，将中医发扬光大，按摩、针灸、艾灸、拔罐等中医治疗手段流传至今。

3 问
向病人询问症状，是头疼、咳嗽还是胸闷等。

4 切
摸患者的脉象。

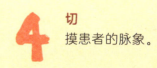

中医出现之后

　　中医是经过长期的医疗实践形成的，有着独特的理论体系、诊治方法和疾病分类，是中华文明的瑰宝。

　　在我国几千年的历史中，中医不仅保护了人们的健康，延续了人们的生命，还流传下来一系列对我国及世界医学有着广泛影响的巨著。如成书于先秦至西汉年间的《黄帝内经》、孙思邈编写的《千金要方》、张仲景编写的《伤寒杂病论》、李时珍编写的《本草纲目》等，为中外医学家的研究提供了支持。

治病救人

医者采用开药方、推拿、针灸的方式，治疗患者的疾病。

强身健体

中医可以提高人的免疫力，强健体魄。

中医的用途

养生

一些中药泡水饮用有养生的效果，如枸杞、大枣等。

预防疾病

中药大部分是天然药材，不伤身体，具有很强的调理功效，可预防疾病。

知识爆料馆

饺子 相传，东汉时期的名医张仲景一次外出就诊时，看到寒冬时节很多穷苦人家因为没有钱买御寒的衣服，耳朵都冻伤了。为了减轻人们的苦痛，张仲景研发了一种能够祛寒的药食，即"祛寒娇耳汤"，就是以羊肉和一些驱寒的药物为主要原料制作的一种汤。后来，这种汤慢慢演变为如今我们吃的饺子。

用线切诊 中医上，切诊就是医者用手指感受病人脉搏跳动的速度和力度等，据此来对症下药。相传，唐太宗李世民的皇后得了重病，便命孙思邈前来医治。受封建礼教的影响，孙思邈无法近距离接触皇后，所以就让宫女把线系在皇后的右手腕上，另一端从屏风中拉出来，孙思邈就这样捏着这条线为皇后切诊。

岐黄之术 据说岐伯是黄帝的臣子，精通医术，黄帝常与岐伯讨论医学，后人将其对话整理成书，便是著名的《黄帝内经》。该书奠定了我国中医理论，因此后世又称中医为岐黄之术。

悬壶济世 据记载，古时候有一位老翁在集市卖药时，常将一个药葫芦悬挂起来，病人吃了他卖的药总能药到病除。因此，后人便常常将"悬壶"作为行医的代称，用"悬壶济世"来称赞医者的功绩。

茶

茶的发现

发现时间：发现于上古时期，流行于唐朝

发 现 者：中国古代劳动人民

发现内容：水沏茶叶而成的饮料

茶是生活中常见并且享誉中外的一种饮品。那么饮茶是什么时候出现的呢？这个过程是怎样的呢？古人在发现茶能饮用之前都是怎么食用茶的呢？大家一定很好奇吧，让我们一起来了解一下吧！

茶发现之前

我国是茶叶的原产地，也是最早饮茶的国家。在饮茶盛行之前，神农在尝百草时意外地发现了茶树这种植物，经过咀嚼品尝后，发现茶叶无毒，因此在很长一段时间内，茶叶都是通过咀嚼的方式来食用的。

茶是怎样发现的

　　古时，人们还不知道除咀嚼外茶的其他用法。一次，一个人无意中将茶叶放在水中煮沸了，再加入适量的调料，饮用后发现汤水竟然有着独特的口感，于是摒弃了生嚼茶叶这种食用方法，改为饮茶汤。

　　后来，人们将制好的茶叶放在开水中，直接饮用后嘴里会有一股清香。渐渐地，我国出现了饮茶的风尚。

绿茶的制作流程

1　采摘茶叶
天气晴朗时，从茶树上采摘新鲜茶叶。

2　炒茶
把采摘的茶叶放入锅中翻炒，减少茶叶中的水分，让茶叶变软。

3 **揉捻**
把茶叶放在木板
上，轻轻揉捻，
让茶叶变小。

4 **干燥**
在锅中将茶叶烘干
或晒干。

健康饮茶应记住以下几种禁忌：忌空腹饮茶，忌饮烫茶、冷茶，忌用茶水服药，忌饮浓茶，忌饮隔夜茶等。

到了唐代，人们一般将茶碾成粉末饮用，并将饮茶的风气发扬光大，饮茶成了当时生活的一部分，茶艺、茶道也随之蓬勃发展起来。

宋朝还流行斗茶。

明清时期，人们不再将茶碾成粉煮沸饮用，而是直接将茶叶放在壶中用开水沏泡。后来，人们根据制作工艺和发酵程度的不同，将茶分为六类，分别是：绿茶、红茶、青茶、白茶、黑茶、黄茶。

茶发现以后

我国是最早发现和利用茶树的国家，茶自从被发现以后，从最初的药用到后来的饮用，每个阶段都发挥着重要作用，慢慢形成了以茶为中心的各种文化，如茶艺、茶道、茶书、茶画等，在我国流传了几千年。

饮茶在中国风靡后，很快就传入了外国，如朝鲜、日本等，后又陆续传入东南亚地区。大约17世纪，茶叶又传入了欧洲，如今各国制茶、饮茶的方式虽然有所不同，但是多样的茶树种子、茶叶名称、茶文化基本上都起源于中国。

如今，全世界许多国家和地区的人都喜欢饮茶，有些地方甚至将饮茶当成一种艺术享受。

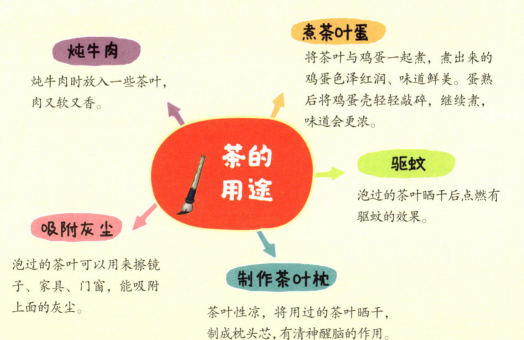

炖牛肉

炖牛肉时放入一些茶叶，肉又软又香。

煮茶叶蛋

将茶叶与鸡蛋一起煮，煮出来的鸡蛋色泽红润、味道鲜美。蛋熟后将鸡蛋壳轻轻敲碎，继续煮，味道会更浓。

茶的用途

驱蚊

泡过的茶叶晒干后点燃有驱蚊的效果。

吸附灰尘

泡过的茶叶可以用来擦镜子、家具、门窗，能吸附上面的灰尘。

制作茶叶枕

茶叶性凉，将用过的茶叶晒干，制成枕头芯，有清神醒脑的作用。

《茶经》 唐代陆羽所著的《茶经》是我国第一部关于茶的专门著作，书中详细讲解了茶的产地、性状、品质、功效、饮茶工具，以及采茶、制茶、烹饮的方法，推动了我国茶文化的发展，被称为"茶叶百科全书"。

"茶醉"现象 当所饮的茶过浓时很容易出现"茶醉"现象，如呼吸急促、心悸、头晕、浑身无力等，这是由茶里面的咖啡因和氟化物引起的反应。

中国名茶 我国有很多名茶，如西湖龙井、武夷岩茶、洞庭碧螺春、安溪铁观音、君山银针、信阳毛尖等。

新茶 很多人认为东西越新越好，但茶不是这样。由于新茶存放时间短，一些物质如醛类、多酚类还没来得及氧化，这些未氧化的物质会刺激肠胃，影响身体健康。除此之外，新茶中还有咖啡因、活性生物碱以及多种芳香物质，这些物质对神经衰弱、心脑血管病患者来说是非常危险的。

红茶和绿茶 红茶和绿茶是生活中常见的两种茶，两者有着很大的差别。红茶是全发酵茶，工艺为萎凋、揉捻、发酵、干燥；绿茶是不经过发酵制成的，工艺为杀青、揉捻、干燥。红茶茶汤以红色为主，绿茶茶汤以绿色为主。

瓷器

瓷器的发明

发明时间： 商代

发 明 家： 中国古代劳动人民

发明内容： 以高岭土、长石和石英为原料，经混合、成形、干燥、烧制而成的黏土类制品

中国是瓷器的故乡，各种瓷器琳琅满目，如瓷碗、瓷杯以及各种瓷器摆件等。但你知道瓷器是什么时候发明的、怎么发明的吗？没有瓷器时，古人用什么盛东西呢？大家一定很好奇吧，让我们一起来了解一下吧！

瓷器发明之前

瓷器最初的作用是盛食物和水，在没有发明瓷器之前，人们都是将竹子、木头等制成器皿，还有一种天然容器——葫芦。葫芦成熟之后，开一个小口，将里面的东西挖出来，就成了一个容器。

瓷器是怎样发明的

　　早在几千年前的原始社会，人们就已经学会制作陶器了，只不过这种陶器用黏土制成，然后进行烧制。随着时间的推移，制陶技术也大大提升，能够通过更为优质的陶土做胎来提高陶器的质量，并且为了美观，开始在陶器上绘制各种图案，彩陶就这样问世了。

制瓷工艺流程

1

炼泥
取一定量的高岭土，将其弄成粉状，然后将原材料按照一定的比例混合制成泥。

2

制成干坯
经历拉坯、印坯、利坯、晒坯、画坯环节后，制成干坯。

瓷器是中华文明的瑰宝，历代都将其视为珍宝。考古资料证实，在河南省的商代墓葬中出土过青瓷尊。

慢慢地，在制陶器的基础上，劳动人民经过不断探索，发现使用高岭土、长石和石英的混合物制作的器物更加坚固、结实。如果给器皿表面上釉，会让制出来的器物更加光滑，看起来非常华丽；而在烧制的过程中增加温度，改变烧制方法，最后制出来的器物会更加精美、坚固，瓷器就这样诞生了。经过不断改进，瓷器的种类越来越多，广受人们喜爱。

3 **上釉**
将制好的釉浆涂在干坯上。

4 **烧制**
将瓷坯放在窑中烧制。

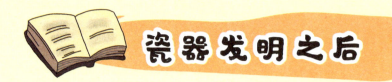

瓷器发明之后

瓷器自发明以来，一直畅销国内外。汉朝时期，瓷器作为特产与丝绸一起通过丝绸之路远销国外。唐朝时期，国力雄厚、经济发达，瓷器开始大量远销国外。明清时期，随着航海事业的发展，我国瓷器外销呈现出空前繁荣的局面。

瓷器在外国的畅销，加强了中外文化交流，我国更是以"瓷国"享誉世界，中国在国外的称呼"China"就是瓷器的意思。

瓷器是我国劳动人民智慧的结晶，更是几千年来人民不断探索、创新的结果，如今瓷器被应用在生活中的方方面面，一些瓷器具有较高的艺术价值，成了人们眼中的奢侈品。

装饰

一些好看的瓷器可以单独摆放，装饰房间。

日常用品

可以制成碗、碟、杯子等餐具，以及砖瓦等建筑装饰用品。

瓷器的用途

电力行业

电瓷可用在高低压输电线路的绝缘子上，还有电机用的套管、支柱绝缘子上等，还能制作电工使用的工具。

知识爆料馆

中华瓷王　清朝乾隆年间，江西景德镇烧制了一个装饰有17层釉彩的大瓶，被称为"各色釉彩大瓶"，并获得了"中华瓷王"称号。它的出现体现了清朝乾隆时期高超的烧瓷技艺，代表着中国古代制瓷工艺的顶峰。这个釉彩大瓶现藏于北京故宫博物院。

瓷器的颜色　最初，瓷器只有白色，后来怎么就出现了五颜六色的呢？原来古人在烧瓷的过程中，无意间发现往釉料中加入不同的金属单质或金属氧化物，竟然能烧出不同颜色的瓷器；还发现窑炉的结构、烧瓷的温度等都会影响瓷器的颜色。通过总结各个因素，制瓷匠人们逐渐掌握了控制瓷器颜色的技术。

景德镇　江西景德镇自古以来以烧制瓷器而名扬天下，被称为"瓷都"，至今仍保留着许多古代人民烧瓷用的窑，如馒头窑。景德镇烧制的琳琅满目的瓷器中，最有名的是青花瓷。青花瓷采用含钴的原料进行绘彩，烧成后呈蓝色，看起来幽静雅致、干净明亮，是我国瓷器中的主流品种之一。

五大名窑　窑的出现意味着瓷器时代的到来。宋代出现了五大名窑，即汝窑、官窑、哥窑、钧窑、定窑，这五大名窑中烧制的瓷器各具特色、美不胜收。

丝绸

丝绸的发明

发明时间：上古时期

发明家：传说是嫘祖

发明内容：含有蚕丝的纺织品

丝绸是较负盛名的中国传统特产，生活中很多物品都是由蚕丝制成的，如衣服、丝巾等。那么用蚕丝制成的纺织品"丝绸"是什么时候被发明出来的呢？古人是怎样发明的呢？丝绸出现之前人们都用什么来制作衣物呢？让我们一起来了解一下吧！

丝绸发明之前

很久之前，我国劳动人民以打猎为生，衣物大多是兽皮制作的。随着技术的进步，出现了革制的甲；到了农耕社会，出现了用草制作的衣物；再到后来就出现了麻制衣物，这就是丝绸发明之前人们穿戴的衣物制品。

丝绸是怎样发明的

我国是丝绸的发源地，制作丝绸的复杂工序体现了先民的智慧和高超的技术。据说5000年前，黄帝的妻子嫘祖发明了养蚕取丝的方法。蚕丝柔软贴身、保暖透气，深受古人的喜爱。但是怎么把蚕丝做成衣物制品呢？那就要想办法将蚕丝制成布匹。通过不断的实践，人们发明了纺织技术，就是将抽出的丝用横、竖交织的方法织在一起，一根根蚕丝就被织成了布，一匹匹布在人们的裁剪、设计下，制作成了各式各样的衣服。

丝绸的工艺流程

1 养蚕
采桑叶，用桑叶养蚕。

2 剥蚕、煮蚕
蚕宝宝将吐出的丝包裹在自己身上，这就是蚕茧。人们将蚕茧收集起来，然后将蚕丝剥出来，放在锅中煮。

3 **抽丝成线**
将煮好的蚕茧抽成丝，若干条蚕丝可合成一根线。

4 **制成丝绸**
将一根根的线放在纺织机上纺织成布。

从西汉时期开始，我国的丝绸不断销往国外，因而我国被外国人称为"丝国"。

随着时间的推移，战国时期丝绸生产已变得非常普遍，汉朝时期织出的丝绸纹理增多，还被输送到外国。到了唐朝时期，政治、经济发达，思想开放，人们织出的丝绸纹理更多、更复杂。

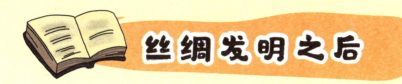

丝绸发明之后

丝绸发明之后，成为古代人们身份地位的象征。百姓们则向蚕神祈祷，希望蚕丝能大丰收，以维持生计。丝绸的发明促进了我国古代经济、文化的发展。

西汉时期，为了让西方国家了解中国文化，统治者下令打通通往西域的道路，大量丝绸、瓷器等通过此路销往西方。在此之后的很长一段时间内，琳琅满目的丝绸在西方国家都很畅销，所以这条路被后人称为"丝绸之路"。古老的丝绸之路成了古代中国联系世界的通道，促进了世界文化的交流。

如今，中国提出了"一带一路"倡议，古老的丝绸之路获得新生。

制作衣服

我们穿的外衣（如旗袍、汉服）、内衣等都能用丝绸制作。

床上用品

很多床上用品都是用丝绸制作的，如床单、被单、枕巾等。

丝绸的用途

工业

面粉厂中使用的过滤材料、机电工业的绝缘材料等。

装饰

可制作一些装饰品，如沙发罩、窗帘、灯罩、门帘、靠垫、地毯等。

知识爆料馆

绫罗绸缎　听到"绫罗绸缎"这个词我们会想到各种奢华的丝织品，其实这是四种不同的丝织品。

绫：光滑柔软、质地轻薄，主要用于装裱书画、书籍等。

罗：轻薄透气，常用来制作清凉、透气的夏季衣服。

绸：色泽艳丽、手感平滑、斜纹道清晰，是较为常见的丝织品，主要用于制作高档衣服的内衬。

缎：正面光滑且富有光泽，比较厚，如锦缎。

中国四大名锦　锦是丝织品众多种类中的一种，著名的四大名锦有"云锦""壮锦""蜀锦""宋锦"。云锦在清代非常有名，是御用品，现主要在南京一带生产。壮锦流行于广西壮族自治区，多以红色为背景，色彩对比强烈。蜀锦历史悠久，图案丰富，寓意众多。宋锦起源于宋朝，图案精致、质地柔软。

货币功能　众所周知，从古至今丝绸都非常名贵，甚至有一段时间它还被作为货币使用。丝绸不仅能用来支付官兵的薪水，还可以用来购买马匹。

在我国境内的古丝绸之路中，出土过罗马等国家的一些金币，而西方国家很少出土中国的铜钱，这是因为丝绸能充当金币的角色，古人想在西方国家买一些东西，可以用丝绸来换。

日晷

日晷的发明

发明时间：汉代以前

发 明 家：中国古代劳动人民

发明内容：古代的一种测时仪器

在古代，日晷能够帮助人们掌握一天的具体时间，改变了人们的生活方式。可是你知道日晷是什么时候发明的、怎么发明的吗？古人在没有日晷之前用什么计时呢？大家一定很好奇吧，让我们一起来了解一下吧！

日晷发明之前

日晷发明之前，我国的古人主要通过观象授时，就是通过观察太阳、星星、月亮的位置来判断日期和时间。但是这种方法对一日之内时间的划分比较笼统、粗略，只能分为早、午、晨、昏等。

日晷是怎样发明的

如果在太阳下立一根竿子，那么竿子的影子的位置会随着时间的推移而发生变化。很久之前，我们的祖先就在这一启示下创造出了计时仪器——日晷。

日晷的主体是一块用石头制成的大圆盘，叫作晷盘，晷盘上刻有表示时间的刻度，晷盘的中央固定了一根与晷盘垂直的金

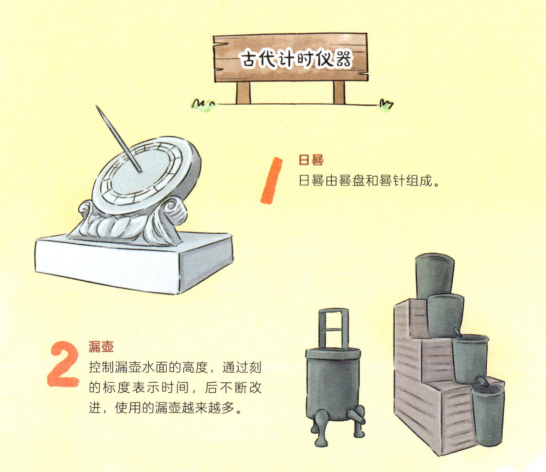

古代计时仪器

日晷
日晷由晷盘和晷针组成。

2 漏壶
控制漏壶水面的高度，通过刻的标度表示时间，后不断改进，使用的漏壶越来越多。

属指针，叫作晷针。当太阳照射时，晷针会在晷盘的不同刻度上留下影子，这样就能知道一天中的具体时间了。但是，日晷是一种"太阳钟"，没有太阳，就没办法出现晷针的影子，这时该怎么办呢？古人又发明了"漏壶"，壶中流出的水越多，时间越长。后来还发明了沙漏、火钟等，古人就是利用这些计时工具来安排各种活动的。

3 沙漏

利用沙的流动性，让沙子从一个容器漏到另一个容器，根据流出的量来计算时间。

4 火钟

火钟是一种计量时间间隔的工具，利用燃料燃烧的速度来计时，预定的燃料相同，燃烧的速度相同，所用的时间也就一样。火钟有蜡钟、灯钟和香钟等多种。

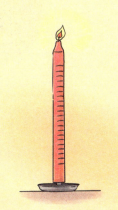

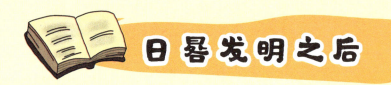

日晷发明之后

日晷发明之后，人们便能精准地测量时间，进而能合理地安排时间，生活变得更有规律。正是因为日晷的发明，衍生出了时间的概念。人们体会到时间在一分一秒地流逝，有了"珍惜时间"的意识，更有了"少壮不努力，老大徒伤悲"的警示。

除此之外，日晷作为计时的基石，推动了古代社会各个领域的发展，如天文学、农业、科学等。

如今，日晷不再是主要的计时工具，却具有很高的文化、科学和艺术价值。

测量距离和高度

明代科学家李善长曾利用日晷算出了山峰的高度。

天文学研究

古代天文学家利用日晷测量出天体的位置和运动轨迹以及不同天体的运动周期。

日晷的用途

学习知识

作为一种教学工具，教孩子们学习阳光和影子的运动规律，让复杂的知识变得生动有趣。

农业生产

农民根据太阳的位置确定农作物播种、收获的时间，以此来管理农作物。

知识爆料馆

使用日晷　正确使用日晷还是一项技术活呢！春分到秋分期间，太阳总是在天赤道的北侧活动，这时晷针的影子在晷盘的上方，所以春分以后要看晷盘的上面。从秋分到春分期间，太阳在天赤道的南侧活动，这时晷针的影子在晷盘的下方，所以秋分以后要看晷盘的下面。

日晷类型　日晷有多种类型，地平式、子午式、卯酉式、赤道式、立晷等。不同类型的日晷，其晷盘放置的位置、摆放的角度以及使用的地区也不同。

二十四节气　先民通过观察太阳运动的规律，确定了二十四节气，还据此制作了节气日晷。人们根据一年中的节气、气候、物候的不同来指导农业生产，提高农作物产量，促进农业的发展。

刻度　我们看到的日晷的那一面刻有十二个时辰。其实，日晷的正反两面都有刻度，两面均刻有子、丑、寅、卯、辰、巳、午、未、申、酉、戌、亥十二个时辰。

自鸣钟　明朝万历年间，西方国家发明的自鸣钟传入我国，但这种自鸣钟当时只有皇帝和一些王公贵族才能使用，寻常百姓还是通过日晷来判断时间。

都江堰

都江堰的
建造

建造时间： 战国时期

建 造 者： 李冰

相关内容： 防洪的水利工程

很多人都知道，都江堰水利工程不仅能防洪，还有灌溉农田、执行水运的功能。可是你知道这项伟大的工程是什么时候建造的吗？又是怎样修建的呢？在没有都江堰水利工程之前，古人是怎样防洪的呢？大家一定很好奇吧，让我们一起来了解一下吧！

都江堰建造之前

依水而居的人们，为了躲避洪灾，要么将房子建在高处，要么时刻观测和分析水位状况，一旦水位上升，就得早早做好准备，减小洪水带来的灾害。后来人们开始修建堤防，并定时维修、加固，达到防洪的目的。

都江堰是怎样修建的

从远古时期开始，我国劳动人民就与洪水做斗争，流传着"大禹治水"等故事。其中一些治水方法虽然有效，但也有弊端。古蜀时期，尤其成都一带的人民更是时常遭受洪水侵害，百姓苦不堪言。到了战国时期，蜀相开明决玉垒山以防水患，虽有成效，但水患依然不绝。

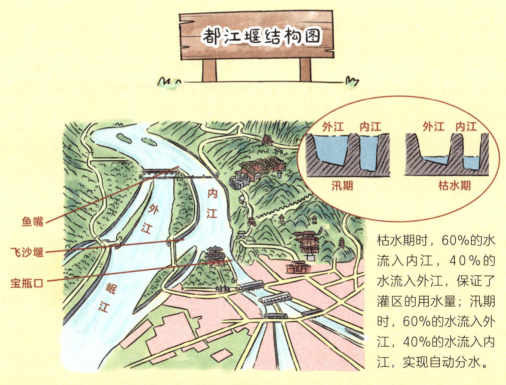

都江堰结构图

枯水期时，60%的水流入内江，40%的水流入外江，保证了灌区的用水量；汛期时，60%的水流入外江，40%的水流入内江，实现自动分水。

鱼嘴——自动分水、排沙、排石

将岷江一分为二，外江宽，河床高且凸；内江窄，河床低且凹。
根据弯道的水流规律，表层水流向凹岸，底层水流向凸岸，因此随洪水而下的沙石会随着底层的水流进入外江，实现自动排沙、排石。

2 **飞沙堰——自动泄洪**

水量较大时，能自动将内江多余的水排入外江，让内江免受洪灾。江水直冲水底崖壁时会产生漩流冲力，这股力能将泥沙从河道侧面的飞沙堰排走，防止内江和宝瓶口淤塞。

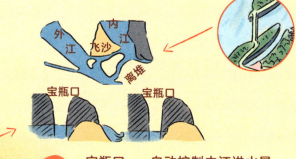

3 **宝瓶口——自动控制内江进水量**

汛期时水量大，通过飞沙堰能将岷江洪峰引到外江，从而削减了岷江沿岸的洪水压力。枯水期时，将岷江水引进缺水的成都平原。

> 都江堰建成后，后人根据实际情况，制定了"深淘滩，低作堰"的岁修原则，以及"遇弯截角，逢正抽心"的治水方针。

秦昭王时期，蜀郡太守李冰不忍看到人民受苦，在对岷江周边地形和水情进行实地勘察后，决心凿穿玉垒山引水。

由于当时还未发明火药，民众在李冰的组织和带领下，以火烧石，使岩石爆裂，历尽千辛万苦，终于把玉垒山凿出了一个山口，将岷江中的水分为两个支流，其中一条支流流入成都平原，既减轻了整条岷江带来的洪水灾害，还能持续灌溉当地农田，完成了都江堰的排灌过程，建成了这一历史工程——都江堰。

都江堰修建之后

　　都江堰建成后，立刻发挥了巨大的减灾功能。后来，历代地方官下令对都江堰进行修整，使其功能越来越多，不仅让人们免受洪涝灾害，而且解决了农田灌溉问题。再后来，都江堰还促进了当地水上经济的发展。

　　都江堰是中国古代人民智慧的结晶，是属于中国人民的一项伟大工程。都江堰工程以防洪为目的，但始终履行着不破坏自然资源、充分利用水资源的原则，将大自然的"害"变为"利"，开创了我国古代水利史上的新纪元。

防洪灌溉

都江堰既可防洪，又可灌溉当地农田，是我国古代水利工程的代表。

水运

船只照常通过，兼有水运的功能。

都江堰的作用

文化遗产

都江堰是古人智慧的结晶，更是无可替代的文化遗产。

旅游

都江堰不仅是一项水利工程，其周围的环境非常优美，如今还成为了一处旅游景点。

知识爆料馆

各代的管理　汉灵帝时期曾设置"都水椽"和"都水长"，专门负责维修都江堰；蜀汉时期，诸葛亮下令设置堰官，并征招许多人专门维护都江堰。除此之外，很多朝代都有专门的官员对都江堰进行精心管理。正因如此，都江堰才能2000余年来屹立不倒。

岁修　指有计划地对某项工程进行维修。都江堰作为一项巨大的工程，在防洪方面的功用巨大，所以各朝各代每年都耗费大量的人力、物力来维修都江堰。由于太过劳心劳神，出现了两种对待都江堰岁修的态度，即"坚"和"柔"。

"坚"是指派人用大量的石头，采用铸铁技术修建鱼嘴（此处每年损坏最为严重），进而达到一劳永逸的目的，但这个目标从来没有实现过。

"柔"是指将装满鹅卵石的竹筐和竹笼丢进江中，阻断水流进入成都平原，但这种方法耗时、耗力。

二王庙　宋朝以后，由于李冰父子修建都江堰有功，因此被皇帝封为王，并在附近修建了"二王庙"，供奉着李冰父子的雕像，里面还有他们的治水名言。

伏龙观　伏龙观位于都江堰附近，据说李冰治水时曾在这里降伏了害人的孽龙，所以这里供奉着李冰的石像。

神奇创造力
改变世界的伟大发明

世界大发明

陈靖轩◎主编

黑龙江科学技术出版社
HEILONGJIANG SCIENCE AND TECHNOLOGY PRESS

图书在版编目（CIP）数据

神奇创造力：改变世界的伟大发明．世界大发明 /
陈靖轩主编 . -- 哈尔滨 ： 黑龙江科学技术出版社，
2024.5

ISBN 978-7-5719-2377-8

Ⅰ．①神… Ⅱ．①陈… Ⅲ．①创造发明－世界－少儿
读物 Ⅳ．① N19-49

中国国家版本馆 CIP 数据核字（2024）第 081286 号

神奇创造力 ： 改变世界的伟大发明．世界大发明
SHENQI CHUANGZAOLI : GAIBIAN SHIJIE DE WEIDA FAMING . SHIJIE DA FAMING

陈靖轩　主编

项目总监	薛方闻	
责任编辑	赵雪莹	
插　画	上上设计	
排　版	文贤阁	
出　版	黑龙江科学技术出版社	
	地址：哈尔滨市南岗区公安街 70-2 号　邮编：150007	
	电话：（0451）53642106　传真：（0451）53642143	
	网址：www.lkcbs.cn	
发　行	全国新华书店	
印　刷	天津泰宇印务有限公司	
开　本	710 mm×1000 mm 1/16	
印　张	4	
字　数	48 千字	
版　次	2024 年 5 月第 1 版	
印　次	2024 年 5 月第 1 次印刷	
书　号	ISBN 978-7-5719-2377-8	
定　价	128.00 元（全 6 册）	

前言

嗨，亲爱的小读者，你好，欢迎阅读这套为你精心打造的科普图书。

本套书分为6册，精选了72个影响深远的创造发明。图书运用活泼有趣的图文形式，深入浅出地讲述了人类为什么创造这些发明，它们是如何被发明的以及原理是什么，对人类产生了怎样的影响等内容。

另外，本套书还介绍了发明创造的思维方法，通过具体的发明讲解，使我们了解和掌握这些思维方法，让我们也能像发明家那样思考。

每一项发明都代表着人类文明的进步。让我们穿越时空，纵览中华文明的进步史；让我们环游世界，探索那些改变世界进程的科技发明；让我们打开脑洞，感受我们身边那些有趣的发明。

嘿嘿，发挥好奇心，动手搞发明，没准你就能成为一名小小发明家呢！

好，现在出发，让我们开启一段发明与创造的探索之旅吧！

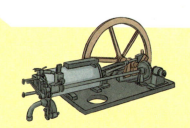

目录

蒸汽机

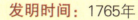

蒸汽机的发明

发明时间： 1765年

发 明 家： 詹姆斯·瓦特

发明内容： 设计发明了世界上第一台实用型蒸汽机，引发了第一次工业革命

你可能对"蒸汽机"这个术语不太熟悉，但一定知道蒸汽。生活中，蒸馒头、烧热水的时候，就会看到冒出的蒸汽，而蒸汽的后面加个"机"字，自然也就代表着，它是一种将蒸汽的能量转换为机械功的往复式动力机械。下面，就让我们一起来了解一下吧！

蒸汽机发明之前

在蒸汽机发明之前，不管是工业还是农业，其主要动力来源都是水力、风力、畜力、人力。比如纤夫拉船，用马或牛来耕种，用风车提水、转磨；而在英国要开办棉纺织厂，厂址最好选在临近河流的地方。

蒸汽机是怎样发明的

　　瓦特是个修理工，瓦特的发明创造就是从修理开始的。1763年，瓦特受人委托，修理了两台纽可门式蒸汽机，从而了解了纽可门式蒸汽机的内部构造和工作原理，并找到了其运行效率低下的原因：活塞动作不连续而且运动缓慢；冷凝温度不够低，导致蒸汽利用率低。

　　既然找到了症结所在，瓦特便开始着手解决这些问题。经过一年多的反复研究，瓦特终于研制出了分离冷凝器式蒸汽机。另

蒸汽机的发明过程

活塞驱动的杠杆

冷水

活塞

蒸汽

泵

杠杆运动会打开阀门

沸腾的水

泵把水抽上来

纽可门式蒸汽机剖面图

工作原理

1.蒸汽推动活塞上移，另一端的泵片下移排水入容器。

2.活塞腔内注入冷水，冷却及冷凝蒸汽，形成部分真空，在大气压作用下，活塞下移，另一端的泵片上移，把地下水吸上来。

外，为了更好地控制蒸汽机的运动速度，瓦特还发明了离心调速器。经过多次改进后，瓦特研制的蒸汽机克服了纽可门蒸汽机动作缓慢不连续、热效率低下的弊病，输出速度更稳定，工作效率提高了3倍多。蒸汽机被发明后，一系列技术革命开始兴起，为大型机器提供了动力，让全世界的交通运输业得到了空前发展，推动了机械工业和社会的发展，至此人类进入蒸汽机时代。

蒸汽机出现后推动了18世纪的工业革命，直到20世纪初，它依然是世界上重要的动力装置。

调节阀

调节阀相当于一个四通阀门，可以加压和排气。上面加压，下面就排气；下面加压，上面就排气。

分离冷凝器原理示意图

蒸汽机工作原理

由锅炉与汽缸、活塞、连杆机构、配汽机构等构成，燃料加热锅炉，将水烧开，产生蒸汽，蒸汽通过配汽机构进入汽缸，推动活塞做往复运动。

当蒸汽机速度过快时，飞锤转速也加快，抬高套筒，调整阀门，降低蒸汽进气量，从而降低转速。

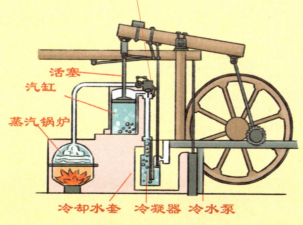

活塞
汽缸
蒸汽锅炉

冷却水套　冷凝器　冷水泵

瓦特蒸汽机动力原理剖面图

离心调速器示意图

蒸汽机发明之后

　　瓦特研制出了世界上第一台实用型蒸汽机，引发了动力革命，从而掀起工业革命的热潮。

　　过去由人力所做的事情，或依靠牛马、水车、风车等的力量来转动的机器，全部可以由蒸汽机代劳了。工厂开始了大规模的生产，彻底解放了劳动力。

　　蒸汽机解决了大机器生产中最关键的动力问题，促成了蒸汽火车、蒸汽轮船的出现，从而推动了交通运输空前的进步。

　　蒸汽机的广泛使用，最终促成了欧洲的工业革命，引起了社会生产力的惊人发展。它是人类科学技术史上具有伟大意义的一次技术大革命。

交通
蒸汽火车、蒸汽轮船以及蒸汽汽车都应运而生。

零配件制造
蒸汽机构件复杂，带动了多种现代机械基本元件的设计和生产。

蒸汽机的用途

冶炼
人力很难解决的金属冶炼、锻造等大型器件生产活动变得轻而易举。

大型制造业
以蒸汽机为动力的大型制造工厂开始大量出现。

纺织
解放人力，工厂的纺织工人取代了手艺工人。

知识爆料馆

蒸汽的力量为什么那么大？　水蒸发为水蒸气，温度升高，水分子运动速度变得非常快，并且水分子间的间隔变大，从而使气体的体积急速变大，瞬间形成一股巨大的力量。

瓦特灵感来源　有人说，瓦特发现水壶里喷出来的蒸汽把壶盖子顶得发出响声，从而获得灵感发明了蒸汽机。真的是这样吗？当然不是。瓦特是经过了多年的苦心钻研才获得灵感的。

功率单位　1783年，瓦特用"马力"作为瓦特式蒸汽机的输出功率单位，他用当时最普遍的动力源——马匹的输出标准作为参照。因为一匹马能够在1分钟之内将453千克重的物体抬升10米，所以由此计算得出马匹的动力。为了纪念瓦特的贡献，国际单位制中功率单位被定为瓦特。

世界上第一台蒸汽机　世界上第一台蒸汽机是由古希腊数学家亚历山大港的希罗(Hero of Alexandria)于公元1世纪发明的汽转球(Aeolipile)，它是蒸汽机的雏形。托马斯·塞维利和托马斯·纽可门分别于1698年和1712年制造了早期的工业蒸汽机，他们为蒸汽机的发展做出了自己的贡献。

内燃机

内燃机的发明

发明时间：1876年

发 明 家：尼古拉斯·奥托（德国）

发明内容：燃料在机器内部燃烧，进而推动活塞往复运动，将热能直接转换为动力

也许你对内燃机这个名字还很陌生，不要紧，路上跑的汽车你一定非常熟悉。汽车行驶靠的就是发动机提供的动力，而内燃机就是一种发动机。怎么样，对内燃机有个初步的印象了吧？下面，我们就深入了解一下内燃机的发明过程与工作原理吧！

内燃机发明之前

最早，人们出行靠的是步行。之后开始骑马或骑驴，还出现了马拉车、牛拉车，以及人力车。后来出现了各种蒸汽机车，相比以前，速度更快了，力气更大了。不过，蒸汽车辆脏乱、不安全，还是一个吵闹的"大嗓门"。

内燃机是怎样发明的

任何一项伟大的发明都不能把功劳记在一个人身上，在内燃机的发明上也是这样的。

1859年，一位比利时的工程师就成功制造出首台内燃机。不过，这台内燃机的功率并不高，运行也不稳定。

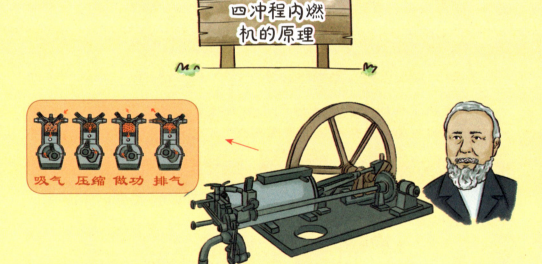

四冲程内燃机的原理

吸气　压缩　做功　排气

什么是四冲程？

四冲程，是指活塞在气缸中单方向地直线运动或一个周期，具体为吸气冲程、压缩冲程、做功冲程、排气冲程。

这是一台非常成功的发动机，奥托把三个关键的技术思想：内燃、压缩燃气、四冲程融为一体，同时改进了飞轮大小和进气道长度，使这种内燃机效率更高、体积更小、质量更轻，而且功率也比蒸汽机大大提高，其热效率相当于当时蒸汽机的两倍。定容燃烧四冲程循环是由奥托实现的，因此也被称为奥托循环。

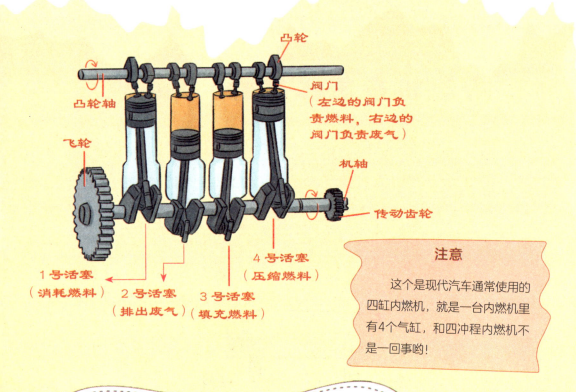

凸轮

凸轮轴

阀门
（左边的阀门负责燃料，右边的阀门负责废气）

飞轮

机轴

传动齿轮

1号活塞
（消耗燃料）

2号活塞
（排出废气）

3号活塞
（填充燃料）

4号活塞
（压缩燃料）

注意

这个是现代汽车通常使用的四缸内燃机，就是一台内燃机里有4个气缸，和四冲程内燃机不是一回事哟!

内燃机工作时会产生大量的二氧化碳等污染环境的气体，还会产生一些噪声。

　　1862年，法国工程师罗夏提出著名的定容燃烧四冲程循环的设计方案。后来，德国工程师尼古拉斯·奥托采纳罗夏的方案，于1876年制造出了世界上首台定容水平四冲程内燃机。1886年，汽油机被安装在马车车厢上作为动力运行成功，马车至此退出历史舞台，汽车业开始大力发展。由于人们对汽车的性能要求越来越高，内燃机的性能也在不断提升，这种相互促进的发展模式延续了百余年，极大地推动了汽车工业的发展。

内燃机发明之后

德国工程师尼古拉斯·奥托研制的四冲程内燃机是机动车辆发展史上的一次巨大进步，解决了交通工具的发动机问题，引发了交通运输领域的革命性变革，使人类的许多梦想得以实现。比如飞机、汽车、农用拖拉机、潜艇、坦克等，都是在内燃机发明之后才研制成功的，改变了人们的出行方式和生产方式。

内燃机的改进从未停止，设计上越发精密，而以柴油和汽油为燃料的内燃机也陆续被研制出来，极大地推动了石油开采业和石油化学工业的发展。

内燃机是工业领域的核心动力源，在未来较长一段时间内仍将发挥不可替代的重要作用。

车辆动力

应用于地面上各类运输车辆（汽车、拖拉机等），矿山、建筑及工程等机械。

发电动力

很多地方可以使用内燃机作为动力进行备用电源发电。

内燃机的用途

水上运输动力

水上运输方面，可作为内河及海上船舶的主机和辅机。

军事

在军事方面，如各类战车和各类水面舰艇等都大量利用内燃机。

知识爆料馆

为什么内燃机需要吸入空气呢？

因为石油、煤的燃烧需要有空气中的氧气参与。

为什么燃气与空气混合气需要压缩呢？

只有增大燃料的浓度，燃料燃烧才会更有爆发力，更加猛烈充沛。要是不混合压缩，燃烧就会很慢，甚至根本不能燃烧。

蒸汽机是内燃机吗？

当然不是。发动机大体上分为内燃机和外燃机两种，而蒸汽机是外燃机，就是燃料在发动机外部燃烧并提供动力。

内燃机也"喝酒"？

这里的"酒"，准确地说是乙醇，俗称酒精。乙醇具有可燃性且燃点很低，并且燃烧不产生有毒气体，不会污染环境。不过乙醇热值低，只相当于汽油的一半多一点，并且还需要从粮食中提取，会耗费很多粮食，更会为此占用大量耕地。

压燃内燃机是怎么回事？

压燃点火是对应于柴油发动机的一种点火方式，依靠压缩行程将混合气压缩到燃点，使其自动着火，不像汽油内燃机那样靠电火花点火。压燃式发动机或柴油机广泛应用于轿车、货载汽车、机车、船舶和发电等。

纺织机

纺织机的发明

发明时间：宋末元初

发 明 家：黄道婆

发明内容：一种手工纺纱工具

现代社会，纺织机基本上都是全自动的机器，无须人们手工操作，就能生产出精美的布匹。而在古代，纺织机是依靠人力带动的，将丝、麻或线等加工成布料的。你是不是对它很好奇？让我们一起去了解一下吧！

纺织机发明之前

纺织机出现前，人们穿的衣服是用兽皮、草等制作而成的。在麻等材料出现后，人们用手将其搓成线，然后用骨针等将其制成衣物。但是这种方法太慢了，而且制作的衣服不防风、不抗冻，于是人们开始研究制作衣物更快、制出的衣物质量更好的工具和方法。

纺织机是怎样发明的

　　纺织机的起源时间非常久远，具体起源于哪个国家，是哪位发明家发明出来的，都已无法考证。在古埃及，最初的纺织机非常简单，将插线穿过织布机上的织梭，然后在织布机上来回穿梭就能形成纺织品。纺织机在我国的历史也非常久远，据说早在春秋战国时期就出现了，宋元时期的黄道婆对之前的纺织机进行改进，发明出在我国延续至今的脚踏式纺织机。

各种纺织机

纺锤
纺锤是较早用于纺织的工具，有单面插杆和串心插杆两种形式。

手摇纺车
手摇纺车由木架、锭子、绳轮和手柄等部分组成。

纺织机又叫纺机、织机等，能将丝、线、麻等原材料加工成丝线，然后织成布匹。

在欧洲国家，为满足日益增长的市场需求，有人发明出机械织布机，比较著名的是"珍妮纺织机"。后来，人们在此基础上进行改进，改变了织布的方式，不再完全依靠人力，且速度更快、产量更高。以后，有人在此基础上对纺织机又进行了改进，促进了纺织业的进一步发展。

3 **脚踏纺车**
脚踏纺车是在手摇纺车的基础上发展起来的。

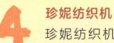 **珍妮纺织机**
珍妮纺织机出现在英国，一次能纺出许多根棉线，提高了生产率。

纺织机发明之后

纺织机的出现极大地促进了纺织业的发展，从最早的手工织布到如今的自动织布，纺织机的发展经历了漫长的过程。

纺织机的发明提高了纺织品的生产效率，优化了生产流程，实现了大规模生产，促进了工业革命的进程。除此之外，纺织机还促进了其他设备的发展，推动了现代化工业的进程。

科学技术取得突破性进步后，纺织机也有所发展。有人发明了纺织机编码机械，出现了符号、电气控制的纺织机。信息时代的来临，互联网技术的进步，使纺织机实现了全自动化，解放了人们的双手。

制作布料

制作各种各样的布料，然后制成衣服、窗帘等。

制作带子

制成鞋带、绳子等。

纺织机的用途

工艺品

可制成各种工艺品，如刺绣布、印染布等。

医疗用品

制成各种医疗用品，如口罩、手术服等。

知识爆料馆

纺坠 纺坠是我国历史上较早用于纺纱的工具，大约出现于新石器时代，一般由石片或陶片打磨而成，形状不一，一般为圆形、扁圆形、四边形等，一些复杂的纺坠上还有精美的纹饰。纺坠改变了原始社会的纺织形式，并且沿用了很久，直到现在，一些地区还在使用这种工具来纺纱。

纺织纤维 在古代社会，各个国家的人们用于纺织的纤维都是天然纤维，如毛、麻、棉等。在我国古代，除了这三种短纤维，还有一种特殊的长纤维——蚕丝。在所有的天然纤维中，蚕丝的质量最好，是我国独具特色的一种纺织材料。

水转大纺车 水转大纺车是我国古代的一种水力纺纱机械，出现于南宋时期，是利用自然的力量——水的动力制作而成的，是当时世界上较为先进的一种纺纱器械。水转大纺车比较大且结构复杂，主要部件有转锭、加捻、水轮、传动装置等。

汉代纺车 考古学家在画像上发现了汉代纺车，与明代《天工开物》一书上记载的纺车十分相似。汉代的纺车使用了绳轮传动，说明我国在两千多年前就在机械上使用绳轮传动了。长沙马王堆汉墓中出土的乐器"汉瑟"上的弦可能就是由这种纺车制成的。

飞机

飞机的发明

发明时间：1903年

发明家：莱特兄弟（美国）

发明内容：研制成功以汽油为动力的双翼飞机，并成功进行了持续飞行

飞机，是一种能在天上飞的交通工具，速度很快，特别在长距离货运和客运方面是地上跑的汽车和火车所无法比拟的。当飞机在天空出现的时候，肯定不止一次吸引过你的目光，也许你还渴望着自己也能像飞机那样在空中飞翔。可是，你知道飞机是怎么发明的吗？下面就来看看吧！

飞机发明之前

早在远古时代，人类就萌生了飞行的梦想。那时，天上的鸟儿、花丛中的蝴蝶，甚至空中的浮云，都唤起了人们对飞行的憧憬。为了实现飞行梦，人们进行着坚持不懈的研究，甚至为此付出了生命。

飞机是怎样发明的

　　莱特兄弟是美国俄亥俄州人，聪明好学，从小就对机械装配和飞行怀有浓厚的兴趣。二人最初以修理自行车为生，从1896年开始，就一直热心于飞行研究，研制了载人滑翔机并进行了多次实验，取得了成功。莱特兄弟发现，飞行难题主要有三点：机翼、发动机，以及如何控制飞机。他们通过研究鸟类控制飞行方向的原理，于1903年制造出了第一架依靠自身动力进行载人飞行的飞机——飞行者1号。

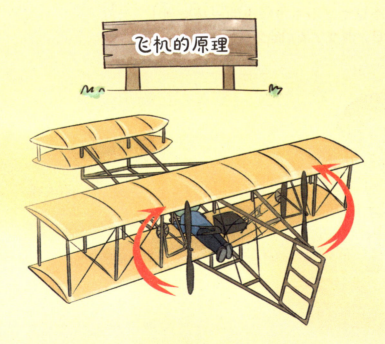

飞机的原理

螺旋桨

两个螺旋桨旋转方向相反。这是因为螺旋桨转动时会对发动机产生一个反作用力（扭矩），造成发动机反向转动，会使飞机侧翻。而两个螺旋桨的桨叶旋转方向相反，刚好可以抵消这个反作用力。

升力的产生

机翼的翼型是上方长度比下方长，导致下方气流到达后缘点时上方气流还没到后缘，在机翼的上下表面产生了压强差。

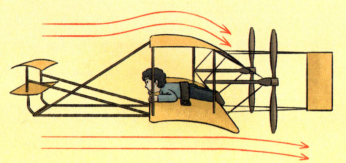

通过翘曲机翼来调整气流方向，实现飞机的侧倾。

升降系统

整体调整角度，改变气流的方向，从而控制飞机爬升或下降。

飞机是20世纪重要的发明，如今是生活中不可缺少的一种交通工具，改变了人们的生活方式。

飞行者1号是一架普通双翼机，它的两个推进式螺旋桨分别安装在驾驶员位置的两侧，由单台发动机链式传动。操纵系统采用了升降舵在前、方向舵在后的鸭式布局，飞行员无须依靠身体改变重心来操纵飞行，而是通过机械装置使飞机的翼尖翘曲来达到同样的目的。接下来的几年中，莱特兄弟又依次制造了两架"飞行者"，试飞的飞行时间越来越长，飞行距离也越来越远。第三架"飞行者"，由威尔伯驾驶，持续飞行38分钟，飞行38.6千米。

飞机发明之后

莱特兄弟研制的飞机，实现了人类历史上首次重于空气的航空器持续而且可控制的动力飞行，由此开启了飞机航空飞行的新时代。

早在飞机发明前的相当长时间里，人类就已研制出了许多载人或不载人的飞行器，比如热气球、飞艇、滑翔机……如果算上2000多年前就已出现的风筝，那么人类飞天的历史就更久远了。但无论如何，莱特兄弟对现代航空业产生了深远的影响，他们对飞机的设计思想，包括转弯和做机动动作的主要部件和设计，依然被现代飞机制造沿用。他们是名副其实的航空先驱。

如今，飞机已经是人们生活中必不可少的交通工具。

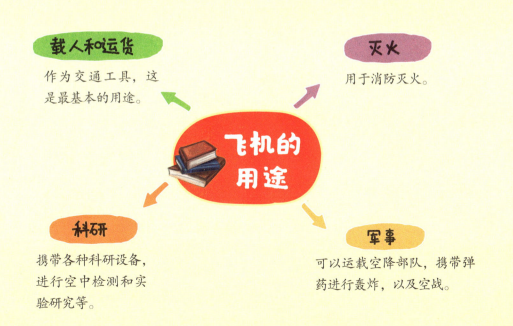

载人和运货
作为交通工具，这是最基本的用途。

灭火
用于消防灭火。

飞机的用途

科研
携带各种科研设备，进行空中检测和实验研究等。

军事
可以运载空降部队，携带弹药进行轰炸，以及空战。

知识爆料馆

中国古代五大航空发明　风筝、竹蜻蜓、孔明灯、火箭、走马灯，这些都是中国古代人民发明的，它们都被当成非常平常的娱乐工具，但也是现代航空技术的科学启蒙。

风筝　风筝是现代飞机的祖先。风筝与飞机的原理相同。风筝的上方空气流速相对比下方快，上方压强小，下方大，存在一个向上的压强差，也就产生了向上的升力。

竹蜻蜓　竹蜻蜓的叶片和旋转面保持一个倾角，所以当我们用手旋转竹蜻蜓时，它会得到空气的反作用推力而向上飞出。据说莱特兄弟小时候，父亲买了一个竹蜻蜓给他们，他们十分喜欢，并且开始仿制不同尺寸的竹蜻蜓，从此，他们便一生与飞行结缘。

飞艇　1852年，一个法国人成功研制了最早的飞艇。他在热气球上安装了一台小型蒸汽机，用来带动一个三叶螺旋桨，从而可以操纵气球飞行的方向。

风洞　莱特兄弟还建造了一个简陋的风洞，以测试不同形状和角度的机翼性能。风洞是一种管道状实验设备，通过人工产生可控制的气流，来模拟飞行器或物体周围气体的流动，并进行观测。它是进行空气动力实验最常用、最有效的工具。

火箭

火箭的发明

发明时间： 970年

发明家： 冯继升

发明内容： 依靠发动机喷射工作介质产生的反作用力向前推进的飞行器

提起火箭大家一定都不陌生，我们对它总是充满向往，希望能乘坐它飞到外太空，一睹外太空的风采。它是一种用来探索太空、执行军事活动的飞行器，所产生的威力是巨大的。那么你知道火箭是什么时候发明的、怎样发明的吗？让我们一起了解一下吧！

火箭发明之前

以前，由于技术的限制，人们对宇宙的探索非常少，只能通过肉眼来观察，对于飞上天空这件事人们仅限于想象。

火箭是怎样发明的

世界上第一艘火箭是我国北宋时期的冯继升发明的。唐朝时期出现的火药是火箭现世的基础，冯继升发明的火箭由箭身和药筒组成，点燃导火绳后，火药燃烧时产生的气体会向后喷出，气体的反作用力推动火箭向前。

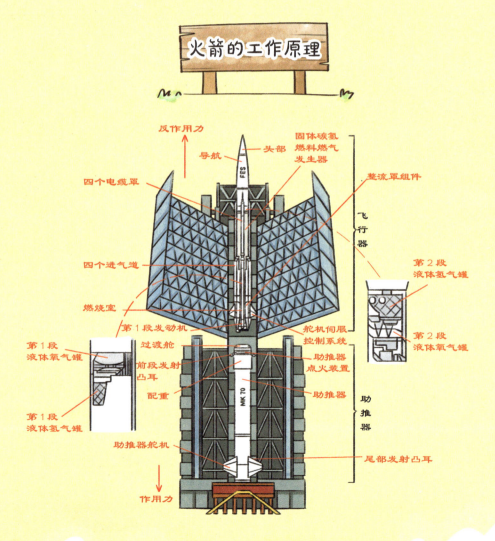

火箭的工作原理

反作用力

导航

头部

四个电缆罩

固体碳氢燃料燃气发生器

整流罩组件

飞行器

第2段液体氢气罐

四个进气道

燃烧室

第2段液体氧气罐

第1段发动机

舵机伺服控制系统

第1段液体氧气罐

过渡舱

前段发射凸耳

助推器点火装置

配重

助推器

第1段液体氢气罐

助推器

助推器舵机

尾部发射凸耳

作用力

FES

MK 70

火箭能在稠密的大气层内飞行，也能在大气层外飞行，根据用途，火箭可分为探空火箭和运载火箭。

后来，我国的火箭技术传入欧洲。1903年，航天学家康斯坦丁·齐奥尔科夫斯基证实了使用喷气式火箭进入宇宙的可能性。他对火箭进行了构思，设计了原理图，还列出了各种计算公式。后来，他致力于人造卫星、载人飞船等的研究，为现代火箭的研发奠定了理论基础。康斯坦丁·齐奥尔科夫斯基去世后，美国科学家罗伯特·戈达德在此基础上继续研究，并于1929年试飞世界上第一艘液体燃料火箭。虽然这艘火箭飞行了极短的时间后就落了下来，但是后人在这个基础上发明了真正能通往外太空的火箭。

① 给第1段发动机和固体火箭点火

② 固体火箭燃料烧尽后脱落

③ 整流罩脱落

④ 第1段火箭脱落后，立即给第2段火箭进行第1次点火

⑤ 给第2段火箭进行第2次点火

⑥ 卫星离开第2段火箭，给卫星的发动机点火，使其进入轨道

火箭发明之后

人们掌握了制造火箭的技能后，制造出的火箭最先被应用在军事方面。比如，德国人设计的V-2火箭在军事上发挥了重要作用。如今，火箭也肩负着保护国家安全的重要任务，可执行空间侦察任务、形成战略震慑等。

在外太空探索的领域中，火箭已成为向外太空输送空间站、人造卫星的工具，帮助人们探索太空，研究宇宙的起源，了解外太空环境等，推动了太空探索和科学研究的发展。

火箭的研发过程还能带动电子、机械等行业的发展，推动国家经济进步。国际上只有少数国家具有自主研发、制造火箭的能力，因此火箭水平的发展还能提升一个国家在国际上的地位，彰显国际影响力。

太空探索

火箭可帮助人们探索宇宙。

民用

执行气象预测、资源勘探、搜索救援等任务。

火箭的用途

军事

火箭能运载导弹和侦查卫星。

知识爆料馆

火箭的类型　按推进剂类型，火箭可分为固体推进剂火箭、液体推进剂火箭、固液混合推进剂火箭等；按用途和有效载荷性质，火箭可分为运载火箭、探空火箭、火箭武器等；按能源，火箭可分为化学火箭、电火箭、光子火箭、太阳能火箭、核火箭等；按结构形式，火箭可分为单级火箭、多级火箭等。

中国火箭研发　我国从20世纪50年代开始研发现代火箭，在钱学森、赵九章、王希季等科学家的带领下，我国的火箭事业取得了丰硕成果。1970年，使用火箭成功发射了我国第一颗人造地球卫星——"东方红一号"，这标志着我国拥有了自主航天能力。

长征系列运载火箭　长征系列运载火箭是我国自主研发的运载火箭系列，于1965年开始研制，共8个系列，退役型号加现役型号共20多种。

第一次载人航天飞行任务　2003年10月，我国完成了首次载人航天飞行任务，成为当时第三个能完成此项任务的国家。杨利伟是我国第一代航天员，是中国人民解放军航天员大队中首次进入太空的人。

交流电

交流电的发明

发明时间： 1882年

发 明 家： 尼古拉·特斯拉

发明内容： 电流的方向随着时间的变化而发生周期性变化

交流电是世界上使用较为广泛的一种电流方式，生活中离不开的空调、冰箱、洗衣机、音响、电视机等用的都是交流电，可见其重要程度。那么，你知道交流电出现以前我们使用的是什么形式的电吗？交流电又是怎样被发现的呢？下面让我们一起了解一下吧！

交流电发明之前

自从人类有了电，在交流电出现前，直流电一直占主导地位，是当时所有电器的供电来源。这种形式的电始终向同一个方向流动，只能短距离输送，一旦距离较长，损失的电流就非常多。

交流电是怎样发明的

　　19世纪中期就已经有人研究交流电了，只不过当时能支撑该理论的知识太少了，无法深入研究。接着有人提出电磁场理论，为交流电的研究提供了理论支持。

　　到了后来，塞尔维亚裔美籍发明家尼古拉·特斯拉在实验室中发现了感应电流，即在一个线圈中只要磁场发生变化，就会产生电流。他将这种现象运用到交流电中，发明出能将交流电传输到远处的变压器。

交流电工作原理

单相两线交流电
单相指一根相线，两线指一根火线、一根零线。

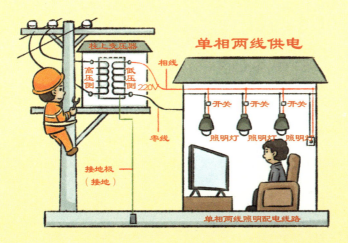

交流电发明者特斯拉

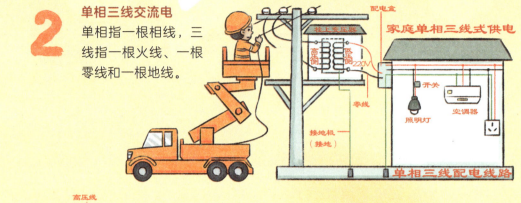

2 单相三线交流电

单相指一根相线，三线指一根火线、一根零线和一根地线。

配电盒

柱上变压器
高压侧 低压侧 220V
零线

家庭单相三线式供电

开关
空调器
照明灯

接地极
（接地）

单相三线配电线路

高压线

变压器

3根相线

三相供电示意图

电动机 切换开关 电动机

三相三线式供电电动机配线

3 三相交流电

三相交流电是由3根相线构成的，每根相线之间的电压为380V。

⚠ 电力施工
🚫 车辆绕行

一般情况下交流电的波形为正弦曲线，除此之外，还有三角形波、正方形波等。

这种仪器的产生，证实了交流电传输距离远、耗电少、可分配能量、能实现变压的优点。

特斯拉发明的交流电被世界认可之后，生活中的电器、工业上的机器、商业中的照明工具等都开始使用交流电，交流电从此成为使用较为广泛的一种输电方式。

交流电发明之后

　　特斯拉发明了交流电后，他制造出世界上第一台使用交流电的机器——交流发电机，带动了第二次工业革命的发展，特斯拉为此被称为"交流电之父"。交流电的发明是人类科技史上的里程碑，它的出现让电能够从发电厂输送到家庭、工厂、商场等，让人们在家中就能享受电能带来的便利。它改变了人类的生产、生活方式。

　　交流电的发明还推动了一些技术的发展。人们着重研究交流电的性质，研究如何将交流电与其他科学技术联系在一起。后来人们发现了电磁波，这些技术又推动了无线通信技术的发展。

家用电器

家庭中的电视机、冰箱、空调等使用的都是交流电，电器工作起来比较稳定。

交流电的用途

照明

交流电可用于普通灯泡、荧光灯、LED 灯等的照明系统中。

电动机

交流电应用在一些器械的电动机中，如洗衣机、汽车中的电动机，能将电能转化为机械能。

知识爆料馆

变压器　变压器利用的是电磁感应原理，使用的是交流电。变压器的应用范围非常广泛，在家庭、工业等领域的供电中，都是变压器在发挥作用。在电力行业中，变压器能降低输电的耗损率，提高输电的距离。

区分直流电和交流电　用电笔测量，不亮就是直流电，亮就是交流电；用数字万用表测量，直流电是直线，交流电是波浪线；直流电的方向不会发生变化，永远是正极流向负极，而交流电的大小由零变到最大，再由最大变成零，交流电的方向随着电流大小发生变化。

单相交流电和三相交流电　单相交流电一般指交流220V/50Hz的供电电路，家庭中的照明电路是典型的单相交流电路；三相交流电路一般指380V/50Hz的供电电路，电源由三条相线传输，三条相线之间的电压相等，都是380V，频率也相同，都为50Hz，工厂中的设备一般使用的是三相交流电。

用电注意事项　空调、微波炉等大功率电器不要同时启动，避免因瞬间电流过大引起火灾；当电器出现冒烟、异味等情况时，要第一时间断开电源；家中长时间无人居住时，走之前要切断电源，减少用电设备。

电灯

电灯的发明

发明时间： 1879年

发 明 家： 爱迪生

发明内容： 将电转化为光的一种照明工具

　　电灯是生活中的一种照明工具，能将电转化为光。它的出现把人们从黑暗中彻底解放出来。试想如果没有灯，我们一到晚上就很难劳作、学习。电灯不仅改变了人们的生活方式，还让人们的生活变得更加便利了。下面，让我们一起了解一下电灯吧！

电灯发明之前

　　很久以前人们使用的照明工具是火，后来人们用蜡烛、油灯等来照明，这些照明工具都会产生浓烈的黑烟或者有刺激性的味道；若一不小心将其打翻，很容易发生火灾。因此，科学家们想方设法发明出一种安全、方便的照明工具。

电灯是怎样发明的

19世纪初，一名英国物理学家将伏特电池组与一截细碳丝连接起来，发现这碳丝竟然发出了微弱的光。1860年，有人将一根碳化竹丝放在真空玻璃瓶里，创造出世界上第一个真正意义上的电灯泡，但是他并没有及时申请专利。

白炽灯的工作原理及类型

白炽灯的工作原理

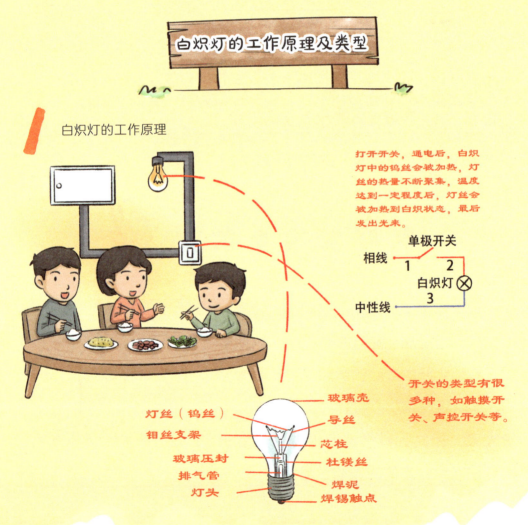

打开开关，通电后，白炽灯中的钨丝会被加热，灯丝的热量不断聚集，温度达到一定程度后，灯丝会被加热到白炽状态，最后发出光来。

单极开关
相线 1 2
白炽灯 ⊗
中性线 3

开关的类型有很多种，如触摸开关、声控开关等。

玻璃壳
灯丝（钨丝）
导丝
钼丝支架
芯柱
玻璃压封
杜镁丝
排气管
焊泥
灯头
焊锡触点

　　1879年，爱迪生对真空碳丝电灯进行了改良。经过不断研究，他用碳化竹丝制成了电灯丝，发明出电灯，还申请了专利。20世纪初期，有人将电灯中的碳化灯丝换成了钨丝，钨丝白炽灯至今都在使用。后来陆续发明了荧光灯、LED灯等。

　　电灯发明后，煤油灯、煤气灯等照明工具逐渐退出历史舞台，电灯的出现促进了文明的进步，大大推进了人类电气化的进程。

2 两种白炽灯

最初的白炽灯

现代白炽灯

电灯发明之后

钨丝电灯发明后，人们并没有止步于此，开始向提高灯泡使用寿命、节能、污染少的方向发展，为此发明出白炽灯。白炽灯在很长时间内一直占主导地位。人类的技术越来越先进，钨丝、竹丝等白炽灯的改进空间越来越小，人们开始向新型电灯发展，以荧光灯为代表的照明工具开始发展起来，还出现了性能更好、用途更广的各种灯，如气体放电灯、高压汞灯、高频无极灯、LED灯等。这些种类的灯让人类完全摆脱了黑暗，人们在晚上也能从事生产劳动、娱乐活动，加快了各行各业的发展速度。

当今社会倡导低碳经济，对灯光的要求越来越高，相信在科技发达的未来，会出现各种性能更好、对环境污染更小、使用寿命更长的照明工具。

照明

电灯最主要的用途就是照明，如白炽灯、荧光灯等。

装饰

电灯可以作为装饰品，如欧式吊灯、落地灯等。

电灯的用途

信号

制成交通信号灯，降低交通事故发生率。

广告

商业街中五颜六色的灯光牌能吸引路人的注意，提高商品的知名度。

知识爆料馆

白炽灯为什么会变黑　当家里的白炽灯长时间未更换时，会发现灯泡里面黑乎乎的，这是为什么呢？这是因为白炽灯中的钨丝是发光的主要材料，开灯时，钨丝在较高温度下会升华成气体，关灯后，温度下降，钨丝升华的气体会成为固体覆盖在灯泡内壁上。钨是黑色固体，因此白炽灯使用时间过久时，黑色的钨会在白炽灯内壁反复累积，最后灯泡就变成黑色了。

电灯的寿命　与人和动物等生物一样，电灯也是有寿命的。电灯的寿命与灯丝的温度有关，使用时间越长，电灯的温度越高，灯丝就越容易升华（如钨丝直接变成钨气），当灯丝长时间升华，会变得越来越细，通电后就很容易烧断，电灯的"生命"也就到头了。

成串的彩灯　成串的彩灯中有一个灯不亮了，其他的灯还能正常工作，这是为什么呢？这是因为彩灯下面的两个脚上都并联了一段涂有氧化铜的细金属丝。当一串彩灯中的一个灯不亮了，其他彩灯会瞬间熄灭，那么灯泡两端的电压就会达到220V，瞬间将细金属丝的氧化铜涂层击穿，这个彩灯形成新了的通路，其他的彩灯就会继续工作。

塑料

塑料的发明

发明时间： 1907年

发 明 家： 列奥·亨德里克·贝克兰

发明内容： 一种高分子聚合物

生活中到处都是塑料制品，如塑料袋、矿泉水瓶、各种包装袋等，数量之多，让我们产生了这样的感觉：如果没有了塑料，这个世界就没办法运转了吧？可见塑料的重要程度。那你知道塑料是怎么发明的吗？让我们一起了解一下吧！

塑料发明之前

在以前，物品并没有精美的包装，肉是用绳子吊起来的，水则用木桶或金属制品来盛，一些食品是用竹篮或麻袋来保存的，有些地区则用荷叶或一些较大的植物叶子来包装……非常不方便。

塑料是怎样发明的

在过去，制作台球的材料非常昂贵，于是有人开始研究新材料。一个名为海厄特的美国人在做实验时，向硝化纤维中加入了樟脑，硝化纤维竟然变成了一种柔韧性非常好的材料，他又对这种材料进行热压，发现其还可以变成各种形状，于是用这种材料制成了台球。后来，他给这种材料起名为赛璐珞。

塑料的演变过程

赛璐珞台球
向硝化纤维中加入樟脑，能形成一种特殊材料，可制成台球，这种材料被称为赛璐珞。

赛璐珞工厂
赛璐珞工厂生产了很多塑料制品，如乒乓球、直尺、胶片。

3 合成塑料

大家用的食品包装袋、购物手提袋等都是合成塑料，很难被降解，会污染环境，形成白色垃圾。

塑料产生的"白色污染"越来越严重，如果我们能将塑料进行分类，然后合理回收，或许能减少"白色污染"带来的危害。

最原始的赛璐珞稳定性较差，很容易裂开，美籍比利时化学家列奥·亨德里克·贝克兰于1907年发明出合成塑料。这种塑料的主要成分为酚醛树脂，是以煤焦油为原料合成的。这种合成塑料的发明意味着人类社会进入了塑料时代。自此以后，塑料工业快速发展，在食品业、工业等各个领域大放光彩。

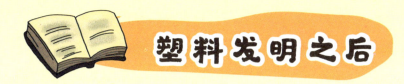

塑料发明之后

　　塑料发明后，由于其广泛的用途和优良的性能，为我们的生活带来了极大的便利，各种包装袋，工业、建筑行业中的各种器材好多都是用塑料制成的，塑料被誉为人类伟大的发明之一。

　　塑料为我们带来便利的同时，也给环境埋下了隐患。这是怎么回事呢？原来塑料不易降解，一些塑料制品被当成垃圾扔掉后深埋地下，需要经过几百年甚至几千年才能降解，会严重破坏土壤的通透性，影响植物生长。如果将塑料制品焚烧处理，它会释放大量有害的气体，污染环境。人们将塑料引起的环境问题称为"白色污染"。如今，我们一方面倡导少用塑料制品，一方面寻找处理塑料垃圾的好办法，来解决这类问题。

农业方面

塑料能用来制作农业生产中使用的育秧薄膜、地膜、大棚膜等。

工业和航天方面

工业上的一些绝缘材料以及航天器中的部分零件都是用塑料制成的。

塑料的用途

包装方面

包装袋、手提袋、矿泉水瓶都是由塑料制成的。

生活方面

隔音板、壁纸、管道等都是塑料制品。

知识爆料馆

塑料应用之首 应用塑料制品最多的行业是包装行业，各种塑料袋、周转箱等都是用塑料制成的。那么塑料为什么会在这个行业应用得如此广泛呢？这是由于塑料具有优良的性能，如质量轻、防潮、防腐、美观、化学性能稳定等。

塑料血 塑料血可代替人体的血液，其外形像浓稠的糨糊，这种血液由携带铁原子的塑料分子构成，能像血红蛋白一样为人体提供氧气，任何血型的人都能接受塑料血。塑料血具有有效期长、便于运输、便于保存、成本低的优点。

是不是有了塑料血就不需要真正的血液了？答案是否定的。塑料血无法代替人体静脉中自然流动的血液，所以需要输血的人必须在短时间内输入正常血液。尽管如此，塑料血在紧急抢救时发挥的作用仍是极其重要的。

防弹塑料 经过特殊加工的塑料具有超强的防弹性，能制成防弹玻璃和防弹衣。这种塑料被子弹击中后，短时间内会发生变形，但很快就能恢复原样。

降噪塑料 有人使用聚丙烯和聚对苯二甲酸乙二醇酯研制出一种新型的塑料，将它们应用在汽车车身和轮舱衬垫中，会形成一个屏障，起到降噪的作用。

化肥

化肥的发明

发明时间： 1840年

发明家： 尤斯图斯·冯·李比希

发明内容： 为农作物提供养分，改善土壤的物理性质、化学性质和生物学性状，为植物生长创造良好的环境

农民伯伯在管理农作物时，常在特定的时间为其施肥，肥料中含有促进农作物生长所需要的各种元素。以前农作物产量很低，化肥出现后，大大提高了农作物的产量。那么，如此重要的化肥是怎么发明的呢？

化肥发明之前

化肥出现以前，人们常用的肥料是动物粪便，或者将植物秸秆烧成灰，当成肥料撒在田地里，促进农作物生长。但这种肥料中含有的营养元素较少，不能充分满足农作物的生长需求，粮食产量普遍较低。

化肥是怎样发明的

化肥，全称是化学肥料，是用化学和(或)物理方法制成的含有一种或几种农作物生长需要的营养元素的肥料。

18世纪，一些化学家开始研究促进农作物生长的各种营养元素。1828年，德国化学家维勒在实验室中合成了尿素（碳、氮、氧、氢组成的有机化合物），只不过当时人们并不知道这种化合物的用途。1838年，英国乡绅劳斯制成了磷肥，这种肥料是用经硫酸处理过的磷矿石制成的，算是世界上第一

化肥的演变过程

动物粪便
以前人们将动物粪便收集起来撒在田地中。

2 尿素
维勒合成了尿素。

化肥一般都是无机化合物，如氮肥、磷肥、钾肥等，只有尿素是有机化合物。

种化肥。1840年，德国化学家李比希提出这样的理论：矿物质是绿色植物的养料。这为后期化肥的发明奠定了理论基础。1850年，李比希发明了钾肥，英国乡绅劳斯又发明出氮肥。

1909年，德国化学家哈伯与博施合作发明了一种大规模生产氮肥的方法——"哈伯－博施"氨合成法，这两位化学家还因此获得了诺贝尔化学奖。后来，化肥的生产技术不断进步，产量大大增加，在农业领域的应用范围迅速扩大。

3 李比希的发现
李比希研究植物营养学说，然后在实验中发现了钾肥。

4 氮肥
劳斯在实验室中发明了氮肥。

化肥发明之后

化肥的使用能提高土壤的肥力，能够为粮、棉、果、蔬等农作物提供氮、磷、钾、镁等营养元素。自从化肥发明之后，农作物的产量、质量都大大提高了，在解决粮食短缺的问题上，化肥有着举足轻重的作用。

化肥在为人类带来利益的同时，也有一定的危害。一些化肥中含有有毒物质，会毒害农作物。除此之外，长期施化肥会增加土壤中重金属的含量，降低土壤中微生物的活性，导致土壤中的营养成分失调；而且化肥中的一些物质挥发后会产生一些氮氧化物，污染地球大气环境。

因此，我们在享受化肥带来的好处的同时，还要加强环境保护意识，对化肥合理开发、利用。

提高农作物产量

化肥能为农作物提供营养，提高农作物产量。

改善土壤环境

改善土壤的环境，促进植物生长。

化肥的用途

调节生长周期

化肥中的一些微量元素会促进植物的代谢，改善植物的生长周期。

知识爆料馆

化肥深施机　化肥深施机由肥箱、排肥器、施肥器、覆土器等设备组成，农民只需要把肥料倒在肥箱中，在各器械的作用下，肥料就能施放到5~10厘米的土壤深处，可避免肥料的流失和挥发，从而发挥化肥的效用，提高利用率，让农作物的产量和质量有所提升。

合理施肥　为农作物施完尿素后，不能马上浇灌农田；也不要在大雨前施肥，否则很容易被水冲刷掉，影响肥效。切勿分散施肥，对于磷钾肥而言，它们的活性比较小，不容易被农作物吸收，所以在施磷钾肥时要将其集中施在农作物种植沟内；农作物发育中后期切勿施钾肥。

各种化肥的功效　不同的化肥有着不同的功效：钾肥能提高农作物光合作用的强度，增强植物抗病、抗旱、抗寒、抗倒伏的能力；磷肥能改善作物品质，促进农作物早熟；氮肥能促进植物枝叶的生长，增强植物吸收营养的能力；复合化肥能提高农作物对化肥的利用率，促进农作物的产量。

有机食品　在生活中，大家更倾向于食用有机食品。所谓有机食品是指零污染的食物，即不经过化肥、农药、除草剂等污染的食物。

青霉素

青霉素的发明

发现时间： 1928年

发 现 者： 弗莱明

发现内容： 青霉菌分泌出来的有强大杀菌能力的物质——青霉素

青霉素是一种抗菌性物质，也就是人们常说的消炎药的一种，它在现代医学上得到了广泛使用。它是20世纪的伟大发现，自问世以来，拯救了无数人的生命。下面，让我们来看看青霉素的发现过程吧！

青霉素出现之前

在发现青霉素以前，人类一直都没能掌握一种能高效治疗细菌性感染且不良反应小的药物。当时若有人患了肺结核，甚至是一次小小的伤口感染，都有可能被夺去生命。直到青霉素出现，才改变了这一局面。

青霉素是怎样发现的

青霉素是英国细菌学家弗莱明发现的。1928年，他在一所大学担任细菌学讲师，还兼做葡萄球菌（分布广，对人威胁大，伤口化脓就是它在作怪）的研究实验，但他的研究在很长一段时间内都没有进展。

弗莱明偶然发现一个细菌培养基发霉了，长出一团青绿色的霉花。通过显微镜观察后，他发现霉花四周的葡萄球菌死光了。弗莱明又将这种霉菌滴到葡萄球菌中去，结果，几个小时后，葡萄球菌果然死光了。

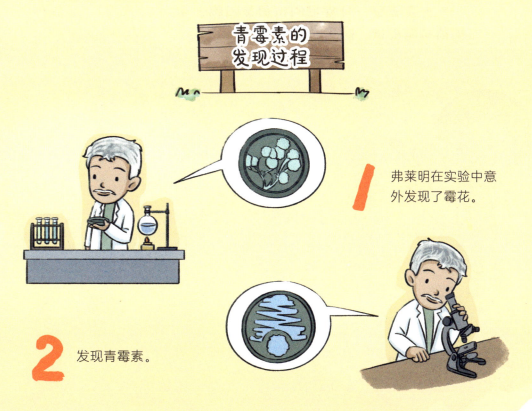

青霉素的发现过程

1 弗莱明在实验中意外发现了霉花。

2 发现青霉素。

3 青霉素的萃取。

4 弗洛里和钱恩合作，进行了长达一年多的萃取实验。

青霉素是一种常见的抗菌类药物，使用前须做皮试，防止过敏。

接着，弗莱明又进行了包括动物实验在内的多次实验，取得了非常好的效果。弗莱明把这种抗菌物质叫作青霉素。由于青霉素性质不稳定，当时无法提取出来，因而未能临床使用。

1938年，英国牛津大学病理学家弗洛里和德国生物化学家钱恩，经过一年多的努力，终于提纯得到了青霉素结晶。1943年青霉素药物完成了商业化生产并正式进入临床治疗。

青霉素发现之后

青霉素是一种高效、低毒、临床应用广泛的重要抗生素。它的发现和临床应用成功，使人类终于有了对抗细菌感染的特效药。它能够治疗很多种人类以前束手无策的疾病，如流行性脊髓膜炎、大叶性肺炎、人体各种组织器官的感染、手术和外伤后的感染等。

青霉素是通过破坏细菌的细胞壁来抑制细菌合成的。而人体细胞是没有细胞壁的，所以对人体没有毒副作用。无数的疾病患者因有了青霉素而得到救治，人类的平均寿命增加了10岁。

弗莱明、弗洛里和钱恩三人共同获得了1945年的诺贝尔生理学或医学奖。

抗菌消炎

杀灭多种病菌，无毒副作用。

预防术后感染

正常手术切口愈合需要五到七天，通常需要注射青霉素类药物预防伤口感染。

青霉素的用途

知识爆料馆

青霉素治疗疾病　青霉素是一种抗生素，能够增强人体抵抗细菌性感染的能力，对治疗肺炎球菌、葡萄球菌等引起的疾病具有显著效果，如梅毒、败血症、肺炎等。

皮肤试验　虽然青霉素的毒性很低，但一些体质特殊的患者使用青霉素后可能会引起过敏反应，甚至出现过敏性休克问题，可能威胁患者的生命。因此在为患者使用青霉素前要做皮肤试验，若有过敏反应，应排除这类药物的使用。

唐朝时期的青霉素　据说在我国唐朝时期就出现青霉素了，这是怎么回事呢？据说唐朝都城长安内的裁缝经常划破手指，为了让伤口尽快愈合，他们会把长有绿毛的糨糊涂抹在划破的手指上，促进伤口愈合，这个绿毛便包含青霉素，具有杀菌的功效。

青霉素的配伍　在使用青霉素时应注意不可与同类抗生素配伍，避免对患者的肝、肾功能造成伤害；不可与四环素配伍，两者结合有拮抗作用；不可与维生素C配伍，容易降低青霉素的药效。

X射线

X射线的发明

发现时间：1895年

发现者：伦琴

发现内容：一种短波电磁辐射

在现代医学中，X光检查是不可缺少的一项。它能穿透人的皮肤和肌肉，将人的病理显示在图像中，医生可以根据图像来诊断人们所患的疾病，进而寻找有效的治疗方法。这样重要的发明是什么时候出现的呢？让我们一起了解一下吧！

X射线出现之前

X光出现前，医生通过患者的描述、身体反应、面色等来判断所患的是什么病。对于一般的疾病来说，这种方法是切实可行的，但是一旦身体内部出现大毛病，如肠穿孔、肝硬化等，医生就束手无策了。

X射线是怎样发现的

威廉·伦琴是德国著名的物理学家。1895年的一天，伦琴在实验室中研究阴极射线时，无意中发现阴极射线管不远处出现了一种荧光。他试图用纸板将这种荧光挡住，奇怪的是，荧光竟然穿过了纸板。伦琴尝试用很多物品来挡住荧光，最后还是一块铅板遮住

X射线的照射原理

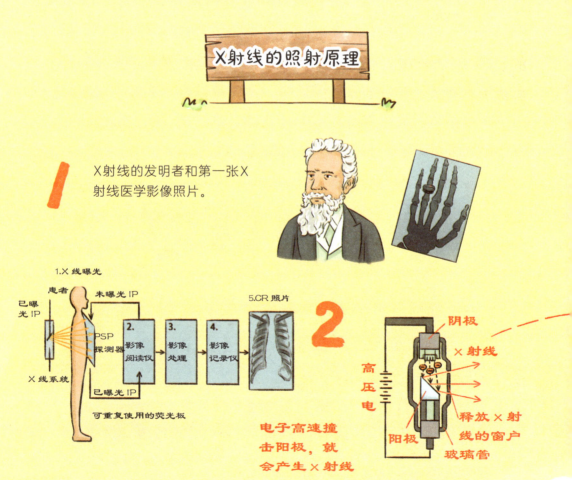

X射线的发明者和第一张X射线医学影像照片。

1.X线曝光

未曝光IP

已曝光IP

患者

PSP探测器

X线系统

已曝光IP

可重复使用的荧光板

2.影像阅读仪

3.影像处理

4.影像记录仪

5.CR照片

电子高速撞击阳极，就会产生X射线

阴极

X射线

高压电

阳极

释放X射线的窗户

玻璃管

人体各器官组织的厚度和密度都有很大不同，对X射线的吸收程度也不同，检查的最终影像自然也就不同。

了它，伦琴猜测这可能是一种新型射线。后来，伦琴将这一荧光公布于众，并起名为X射线。

1912年，德国一位物理学家经过不断研究实验后发现，X射线其实是一种波长非常短的电磁波，当高速运动的电子流遇到障碍急剧减速时就会产生X射线，X射线具有超强的穿透力。X射线的发现为人类诊断、治疗疾病开拓了新的道路，开启了医疗影像技术的先河。

3

容易吸收X射线的骨头呈白色，以前是胶片感光成像，现在主要使用计算机处理图像，医生能在电脑前观看。

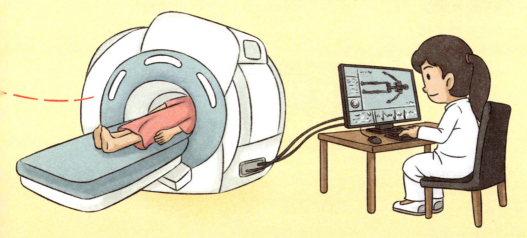

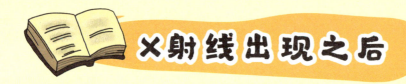

X射线出现之后

伦琴发现X射线后，吸引了物理界、科学界一大批科学家的注意，最后还建立了一门新的学科——原子核物理学。

X射线发现后，很快就在医学领域大放光彩，一些外科医生把病人带进实验室拍摄X线片，可快速对疾病进行诊断，效果显著。后来，许多医院科室添加了X射线相关的设备，如X射线设备、CT扫描设备等。

X射线的发现具有划时代的意义。它的应用不仅仅体现在医学上，有人利用X射线确定了晶体结构以及许多物质的化学结构，还揭示了核酸的三维结构。

需要注意的是，X射线具有很强的辐射性，会对人体造成伤害，因此短时间内不要多次让X射线照射身体。

检查身体

X射线能帮助医生了解患者身体上具体的疾病。

食品卫生

生产出的食品罐头经过X射线照射能杀死细菌，使食品保存的时间更长。

X射线的用途

安全检查

车站安检中，X射线能检查出危险物品。

材料研究

X射线能观测出材料的结构和性质，如晶体、合金等。

保护环境

X射线能检测出空气中、水中的污染物。

知识爆料馆

自然界中的X射线　众所周知，X射线是伦琴在实验室中发现的，所以人们总认为只有实验室中才会产生X射线，其实这是错误的想法。伦琴发现X射线之前，宇宙中就已经存在X射线了，自然界中的X射线一般由一些温度高达上百万摄氏度的气体产生，这就与遥远的星体有关了。

伦琴夫人的手骨　伦琴发现X射线后，无意中将自己的手放在了阴极射线管和一道屏幕之间，屏幕上竟然出现了自己的手的骨骼轮廓。他又找来自己的夫人，让她把手放在用黑纸包裹的照相底片上，经过X射线的照射，一张清晰的手骨照片诞生了。

为何起名为"X"　伦琴发现X射线后，无法解释它的性质，也不知道它的原理，认为这种射线就像数学里的未知数"X"，所以起名为X射线。后人为了纪念伦琴，又称其为"伦琴线"。

照骨术　1895年，清末大臣李鸿章在日本马关参加谈判时，被一个日本人用枪击中了左眼下约3厘米的位置，当时李鸿章的年龄太大，无法通过手术的方式将子弹取出。后来，李鸿章访问德国，在别人的建议下，用X光机检查了受伤的部位，没多久，便在一张胶片上看见了自己左眼下的子弹。李鸿章感到非常稀奇，将这项技术称为"照骨术"。

望远镜

望远镜的发明

发明时间： 1609年

发 明 家： 伽利略

发明内容： 用来观察远处物体的一种光学仪器

从古至今，人类对宇宙充满了各种幻想，想飞上太空了解它，想近距离观察它。望远镜的发明不仅能让人看清远处的物体，还能帮助我们了解遥远的行星，观察太空中的星云、尘埃，探索宇宙的奥秘。下面，让我们一起来了解一下神奇的望远镜吧！

望远镜发明之前

望远镜发明之前，人们虽然并不了解各类天体的形状以及一些天体知识，但对天体的研究从未停止过，不过仅限于用肉眼观察日月星辰的位置变化，或者使用圭表、日晷、浑仪、简仪、漏壶、沙漏等工具。

望远镜是怎样发明的

　　望远镜的发明来源于眼镜的发明。从前一名荷兰磨制镜片的技工，在检查镜片的质量时，将一片凸透镜和凹透镜放在一条线上进行观察，发现远处的建筑竟然被放大了，而且无论看多少次得到的结果都是一样的。就这样，人们制成了望远镜。17世纪初期，意大利科学家伽利略发明了能观察天体的望远镜。

望远镜的工作原理

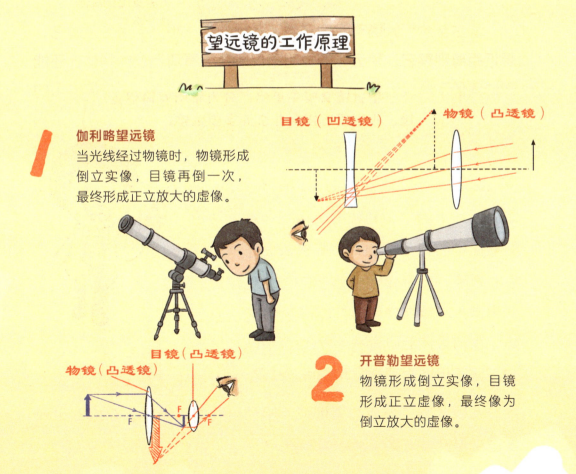

1 伽利略望远镜
当光线经过物镜时，物镜形成倒立实像，目镜再倒一次，最终形成正立放大的虚像。

目镜（凹透镜）　物镜（凸透镜）

物镜（凸透镜）　目镜（凸透镜）

2 开普勒望远镜
物镜形成倒立实像，目镜形成正立虚像，最终像为倒立放大的虚像。

注意啦!伽利略望远镜成的是正立的虚像,开普勒望远镜成的是倒立的虚像。

实像是由实际光线汇聚后形成的像;物体发出的光线在光学元件作用下,实际光线的发散光线的反向延长线的交点所形成的像就是虚像。

3 哈勃空间望远镜

在地球轨道运行和工作,能观测到外太空的影像。

外置高增益天线

主镜

副镜

光圈

高精度导航光学控制感应器

太阳能电池

尾罩

光学望远镜组件设备系统

科学仪器轴向模块

望远镜又叫千里镜,分为军用双筒望远镜、观剧望远镜和业余天文望远镜。

这是一台折射望远镜,它能将远处的物体放大几十倍,伽利略就是用它看到了月球的表面是凹凸不平的,太阳的表面有很多暗色的黑点,以及金星、水星的盈亏现象等。他利用这个望远镜看到了很多过去无法看到的天体现象,因而他发明的望远镜被称为伽利略望远镜。从此以后,人们开始用望远镜来观测天体。后来,人们陆续发明了开普勒望远镜、哈勃空间望远镜等,它们的出现促进了全世界天文学领域的发展。

望远镜发明之后

望远镜发明后，经过几百年的发展，其功能越来越强，观测的距离也越来越远。在日常生活中，我们使用的望远镜是光学望远镜。在天文学研究中，现在常用到的是射电望远镜、红外望远镜和伽马射线望远镜等。

这些先进的天文望远镜的出现，对人类研究天体、宇宙演化等具有重要意义，这些研究极大地推动了现代物理学和天文学的发展。天文望远镜还被应用到航空航天、通信导航等领域中，与我们的生活息息相关。

技术在不断进步，各类天文望远镜也在快速发展，这意味着在未来人类会利用先进的天文望远镜发现宇宙更多的秘密，为科学研究、宇宙探索提供支持。

观测远处物体
望远镜能将远处的物体放大，观测到距离很远的物体。

观测天空
观测到肉眼无法看到的东西，如星云、恒星、行星等。

望远镜的用途

摄影
一些望远镜配备了摄影设备，能拍摄到美丽的星空。

科学研究
望远镜是一些物理学家、天文学家的基础工具。

知识爆料馆

哈勃空间望远镜　哈勃空间望远镜是人类第一台太空望远镜。人们将哈勃空间望远镜发射到地球大气层外缘的运行轨道上，就像人类在太空中安装了一双"眼睛"，帮助人类观察宇宙的一切。人们由此知道了宇宙的年龄、星体的诞生和消失的场景，能深入探索神秘的宇宙。这个望远镜是天文学家爱德文·哈勃发明的，人们为了纪念他而将此望远镜命名为"哈勃"。

军用望远镜　军用望远镜与普通望远镜的外表没什么区别，但实际上差别很大。战场上环境多变，为防止军用望远镜被损坏，它的外壳采用的是金属材料，不易开裂、变形。

射电望远镜　是用来观测和研究天体射电波的一种设备。它与光学望远镜不同，没有镜筒、目镜、物镜等设备，只有天线和接收系统两大部分。天线就像光学望远镜的物镜，能把宇宙中的无线电信号收集起来，然后通过特殊的"管子"输送到接收机中放大，在接收系统的分析下，得出许多弯曲的线，天文学家则利用这些曲线分析出各种宇宙信息。

神奇创造力
改变世界的伟大发明

有趣的科技发明

陈靖轩 ◎主编

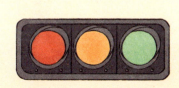

黑龙江科学技术出版社
HEILONGJIANG SCIENCE AND TECHNOLOGY PRESS

图书在版编目（ＣＩＰ）数据

神奇创造力：改变世界的伟大发明．有趣的科技发明 / 陈靖轩主编． -- 哈尔滨：黑龙江科学技术出版社，2024.5

ISBN 978-7-5719-2377-8

Ⅰ．①神… Ⅱ．①陈… Ⅲ．①创造发明－少儿读物 Ⅳ．① N19-49

中国国家版本馆 CIP 数据核字（2024）第 080544 号

神奇创造力：改变世界的伟大发明．有趣的科技发明
SHENQI CHUANGZAOLI : GAIBIAN SHIJIE DE WEIDA FAMING . YOUQU DE KEJI FAMING

陈靖轩　主编

项目总监	薛方闻
责任编辑	赵雪莹
插　画	上上设计
排　版	文贤阁
出　版	黑龙江科学技术出版社
	地址：哈尔滨市南岗区公安街 70-2 号　邮编：150007
	电话：（0451）53642106　传真：（0451）53642143
	网址：www.lkcbs.cn
发　行	全国新华书店
印　刷	天津泰宇印务有限公司
开　本	710 mm×1000 mm 1/16
印　张	4
字　数	48 千字
版　次	2024 年 5 月第 1 版
印　次	2024 年 5 月第 1 次印刷
书　号	ISBN 978-7-5719-2377-8
定　价	128.00 元（全 6 册）

前言

嗨，亲爱的小读者，你好，欢迎阅读这套为你精心打造的科普图书。

本套书分为6册，精选了72个影响深远的创造发明。图书运用活泼有趣的图文形式，深入浅出地讲述了人类为什么创造这些发明，它们是如何被发明的以及原理是什么，对人类产生了怎样的影响等内容。

另外，本套书还介绍了发明创造的思维方法，通过具体的发明讲解，使我们了解和掌握这些思维方法，让我们也能像发明家那样思考。

每一项发明都代表着人类文明的进步。让我们穿越时空，纵览中华文明的进步史；让我们环游世界，探索那些改变世界进程的科技发明；让我们打开脑洞，感受我们身边那些有趣的发明。

嘿嘿，发挥好奇心，动手搞发明，没准你就能成为一名小小发明家呢！

好，现在出发，让我们开启一段发明与创造的探索之旅吧！

目录

火车

火车的发明

发明时间： 1814年

发 明 家： 乔治·斯蒂芬孙

发明内容： 由多节车厢组成的可以在铁路
轨道上行驶的车辆

火车的出现，让我们的长途旅行变得快捷方便，货物运输也变得更有效率。但你知道火车是谁发明的吗？它的工作原理是什么样的？大家一定很好奇吧，让我们一起来了解一下吧！

火车发明之前

火车发明之前，人们主要依靠马车和人力车来运输货物和人，不仅速度慢、运载能力有限，而且容易受到地形和天气的影响。随着工业革命的到来，人们对更快速、高效和可靠的交通方式的需求越来越迫切。

火车是怎样发明的

19世纪初，当时英国的矿工们使用木条和煤燃烧来给锅炉加热并产生蒸汽，从而推动运煤车在矿坑内运行。

1814年，英国的工程师乔治·斯蒂芬孙首创新型在铁轨上行驶的蒸汽机车。

1825年，乔治·斯蒂芬孙改良了蒸汽机车，制造出世界上第一台商用蒸汽机车。之后几经改进，1829年制成较完善的机车。

1830年，英国第一条商业铁路——利物浦和曼彻斯特铁路正

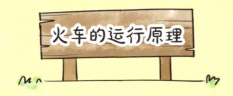

火车的运行原理

火车是一种由众多车厢组成的列车，其运行原理主要基于以下要点：

1 轮轨相接

火车的车轮内侧有凸缘，与轨道上的凹缘相配合，实现轮轨相接，从而保证列车在轨道上稳定行驶。

2 牵引机车

火车的牵引机车是一种带有动力的车辆，拉动列车在轨道上行驶。动力来源是化石燃料燃烧或者是电力。

火车方便了人们的出行，还促进了经济、文化和科技的发展，对人类社会的进步起到了重要作用。

式开通，这标志着铁路交通时代的到来。火车逐渐成了人们出行和运输货物的首选工具。

此外，为了提高列车的安全性和运输效率，人们还发明了更加先进的铁路信号和控制系统。

1903年，德国的工程师赫尔曼·万·格拉夫成功研制出世界上第一台电力机车，这标志着铁路电气化时代的到来。电力机车具有更高的速度和更大的载客量，因此逐渐成了铁路运输的主流方式。

3 制动力

火车的制动力是通过刹车系统实现的，包括空气制动和电气制动两种方式。

火车制动工作原理示意图

4 信号与控制系统

通过传递信号和指令，列车驾驶员能够及时了解前方路况并做出相应的操作。

火车发明之后

火车出现之后，它的便捷、平稳、安全、舒适很快就征服了世界，欧美迅速掀起了修建铁路的浪潮。1903年，西门子与通用电气公司联合研制成功了电力机车并投入使用。随着电力技术的发展，越来越多的火车开始使用电力驱动。电力火车具有更高的效率和更少的污染物排放，因此它们更加环保。火车的速度也在不断提高。

随着计算机技术的发展，越来越多的火车开始使用自动化技术来运行，通过传感器和数据分析来提高运行效率，并减少故障和人为操作错误。

运输

使得商品的流通更加快速和高效，而且铁路网络的发展使得商品的运输更加便捷和可靠。火车的运载能力使得机器和其他工业原料的运输更加便捷和高效。

火车的用途

出行

方便人们出行。

观光

在一些著名的大型景区，可以用火车作为景点的观光交通工具，例如青海的茶卡盐湖。

知识爆料馆

高铁　高铁即高速铁路，是一种设计标准等级高、能让列车高速运行的铁路系统。速度一般为200~350千米/小时，我们国家有着世界范围内最大的高铁网络。

绿皮火车　绿皮火车出现于20世纪初期，至今仍在使用，因通身为绿色而得名，也被称为"慢车"，但是票价相对低廉。

国际列车　国际列车是由国内出发驶往国外的列车，一般好几天才发一班。购买国际列车的车票仅凭国内的身份证是不行的，还需要国际护照。

磁悬浮列车　怎么才能让火车的速度达到最快呢？工程师们发挥了丰富的想象力。火车速度慢是因为跑起来的时候车轮和轨道之间产生摩擦力，那么如果火车不与轨道接触不就可以更快了吗？于是有了利用磁力"同性相斥"特点的磁悬浮列车，车悬浮在轨道上面行驶，时速可以高达500~600千米。

神秘的字母　我们发现，几乎所有列车的车次号前面都有一个字母，以"K"开头的列车代表的是"快车"，以"Y"开头的列车代表的是"旅游列车"，"G"是高铁，"D"是动车，"Z"是直达，"L"是临时列车。

汽车

汽车的发明

发明时间： 1886年

发 明 家： 卡尔·本茨

发明内容： 由动力驱动，具有4个或4个以上车轮的非轨道承载的交通工具

汽车的出现，赋予了我们的出行以一日千里的速度，这对过去求助于动物的时代来说是难以置信的。但你知道汽车是谁发明出来的吗？它的工作原理是怎样的？它对人类社会又有什么样的影响呢？大家一定很好奇吧，让我们一起来了解一下吧！

汽车发明之前

在汽车发明之前，人们的交通方式主要是步行、骑马、坐马车等，速度相对较慢，而且道路条件非常差，人们的出行非常不便。如果是长途出行，走上几个月也不稀奇。

汽车是怎样发明的

　　1769年，法国人N·J·居纽发明了第一辆蒸汽汽车。这辆车的时速只有3.5至3.9千米，而且是一辆三轮车，每行驶15分钟就要停下来给蒸汽机添水。

　　1866年，德国工程师尼古拉斯·奥托制造了内燃机，为汽车的诞生奠定了坚实的基础。

　　19世纪末，德国人卡尔·本茨改进了内燃机，并将它成功应用于汽车，于1886年发明出世界上第一辆内燃机汽车，使汽车的速度和行驶距离都得到了极大的提高。这一年被人们视为汽车诞生年。

汽车的运行原理

1 发动机将燃料和空气混合后点燃，产生高温高压的燃气，推动活塞运动，从而转化为机械能。

2 汽车的传动系统将发动机产生的动能传递到车轮。

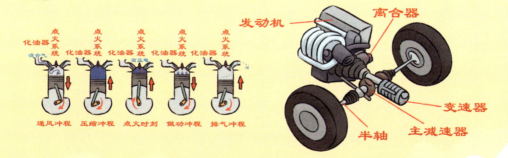

3 驾驶员通过控制系统（包括转向装置、刹车系统、油门等）来控制车辆的速度和方向。

4 制动系统通过摩擦来降低车速并最终停车。制动系统包括制动器、制动管道和制动踏板。

　　汽车在人类社会中扮演着重要的角色。它不仅是交通工具，还是一种文化象征和经济产业。

　　汽车的广泛民用要归功于美国工程师亨利·福特。他使汽车在流水线上进行批量生产成为现实，让汽车有了走进千家万户的条件。

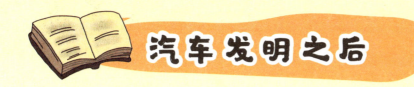

汽车发明之后

汽车发明之后，人们的出行方式发生了革命性的变化。汽车的出现使人们能够更加快速、方便地到达目的地，不再受限于步行、骑马的速度和路线。

随着技术的不断进步，汽车的性能和安全性也在不断提高。微型电子计算机、无线电通信、卫星导航等都被广泛应用于汽车工业。

出行

为人们提供了快速、便捷的出行方式。

社交工具

汽车拥有的大空间可以满足朋友、家人的出行和交往需求，有的汽车上还能进行商务洽谈。

汽车的用途

娱乐工具

赛车、越野、自驾游，为人们提供了丰富的娱乐体验。

安全保障工具

对于恶劣的天气、危险的道路，汽车可以为人们提供更加安全的空间。

货物运输

受气候影响较小，运输时间也很灵活，且装载量相比马车要大得多。

知识爆料馆

新能源汽车　新能源汽车是指采用电力、混合动力等清洁能源运行的汽车，非常环保，并且运行成本比传统的燃油车要低很多。

安全气囊　安全气囊是一种被动安全系统，用于在车辆碰撞时提供额外的保护，降低乘员的受伤害风险。当车辆受到足够的冲击力时，安全气囊会迅速充气，形成一个缓冲区域。

安全带　安全带是汽车中最重要的安全设备之一，它能够在车辆发生碰撞或急刹车时保护车内乘员的安全。安全带不仅是一个保护设备，也涉及法律要求。在许多国家，不系安全带会被视为违法行为。

房车　房车里面有卧室、客厅、厨房、卫生间等，生活设施一应俱全，可以让人们舒舒服服地做饭、洗澡、睡觉。

冷藏车　冷藏车可以理解为"冰箱+车"，车上有巨大的用特殊材料制作的冷藏柜，可以用来运输须冷藏保存的食品。

自行车

自行车的发明

发明时间： 19世纪

发 明 家： 多位科学家

发明内容： 二轮的小型陆上车辆

　　在生活中，每一个给我们带来便利的物件背后其实都不简单。自行车，一个看似简单的发明，从19世纪开始，历经200多年才演变成了今天的样子，它为人们的出行提供了巨大的便利。那么它到底有着怎样的发展历程呢？大家一定很好奇吧，让我们一起来了解一下吧！

自行车发明之前

　　自行车发明之前，人们已经用了大概5000年的车轮，但没人做出自行车。人们主要依赖步行、骑马或马车等方式出行。这种出行方式既慢又不方便，还容易受到天气和地形等因素的影响。

自行车是怎样发明的

随着工业革命的发展，为了改善出行效率和舒适度，人们开始探索新的交通工具。

18世纪80年代，法国人西夫拉克将两个轮子用木头连接起来，人可以坐在两个轮子中间，这才发明了人类历史上第一辆两轮车。但是这辆木头车没有脚踏，需要双脚蹬地才能动起来。

1817年，德国人德莱斯在前轮上加了一个控制方向的车把。

1840年，英格兰的铁匠麦克米伦想到了用铁来制作一辆自行

自行车的发明历程

第一辆自行车是木制的，但没有车把，不能随意改变骑行方向。

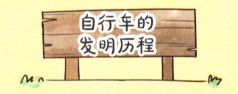

不比走路轻松多少呀！

有了车把，骑行者更容易保持平衡，并随时改变骑行方向，但仍需要双脚蹬地才能行驶。

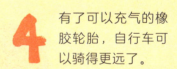

骑自行车不仅是一种健康的出行方式，还减少了对环境的污染，改善了城市交通拥堵问题。

车，并且给车安装上了脚踏和机械力结构，两个轮子可以在脚踏的带动下转动。

1886年，英国人斯塔利开始使用橡胶车轮，并将自行车的前后两轮设计成一样大小，还研究出生产设备，被后人尊为"自行车之父"。

1888年，爱尔兰兽医邓洛普发明了可以充气的轮胎。他从医治牛胃气膨胀中得到启示，将花园中用来浇水的橡胶管装在自行车上，这是一个划时代的创举，从此自行车更加轻便好骑。

3 自行车改为铁制，并安装了脚踏，真正为自行车赋予了"机械速度"。

4 有了可以充气的橡胶轮胎，自行车可以骑得更远了。

这才叫自行车嘛。

自行车发明之后

在自行车发明之后，人们对这种新型交通工具的反应不一。有些人认为它会给人们带来便利和健康，而另一些人则认为它不可靠和危险。然而，随着自行车技术的不断发展和改进，它逐渐成为人们日常生活中不可或缺的一种交通工具。

进入20世纪后，随着城市化的加速和人们对环保的关注，一些城市开始建设专门的自行车道，鼓励市民使用自行车出行。20世纪80年代，电动自行车也被发明了出来，更增加了自行车的便捷性。此外，随着自行车的普及，自行车运动也逐渐发展起来，成为人们锻炼身体和娱乐的一种方式。

日常通勤

自行车是环保、经济、高效的交通工具，适用于短距离通勤。

休闲和娱乐

骑着山地自行车、竞速自行车，人们可以在户外享受自然风光的同时锻炼身体。

自行车的用途

社会和文化活动

骑自行车还是一种社会和文化活动，如骑行俱乐部或城市自行车节。

健康和健身

骑自行车是一种有益的身体锻炼，可以提升心肺功能、增强肌肉力量和耐力。

环保

不会产生尾气和污染，是一种环保、低碳的交通工具。

知识爆料馆

自行车比赛　自行车比赛在1896年进入奥运会。始于1903年的环法自行车赛是全球最高水平的自行车比赛之一。

电动自行车　电动自行车也称为电助力自行车，由搭载的电动马达作为骑行的助力，受到了广泛的欢迎。

共享单车　共享单车是一种自行车分时租赁模式，最早出现在欧洲，后来在多个国家迅速普及。

山地自行车　山地自行车是一种专门为登山和越野骑行设计的自行车，它的特点是具有粗大的车架、宽轮胎、可调节的把手、结实的链条和强有力的刹车系统。这些特点使得山地自行车能够应对复杂的山路和崎岖的地形。

双人自行车　双人自行车是一种由两人协同出力来支持骑行的有趣交通工具，有前后两个座位，适合情侣、朋友或家庭成员共同骑行，方向由前方的人来控制。后面的座位相对较高，以便后面骑行者的视线不会被遮挡。

折叠自行车　折叠自行车是一种可以折叠成较小的尺寸，便于存放和携带的自行车。一般使用轻量化材料制造。

交通信号灯

发明时间：1868年

发 明 家：德·哈特

发明内容：指挥交通运行的信号灯，一般由三种颜色的灯组成，即红灯、绿灯、黄灯

每个十字路口都有交通信号灯，提示我们红灯停，绿灯行，黄灯等待，有效避免了交通事故。可是你知道交通信号灯是什么时候发明的、怎么发明的吗？没有交通信号灯之前人们是怎么过马路的呢？让我们一起来了解一下吧！

交通信号灯发明之前

第二次工业革命后，汽车成为欧洲国家主要的交通工具，当时的道路非常拥挤，经常发生事故。道路上值勤的警察手里拿着可翻转的标识牌，上面写着"GO"（前进）、"STOP"（停止），值勤警察会根据汽车流量来控制交通，防止交通堵塞。

交通信号灯是怎样发明的

  汽车的盛行让马路交通非常混乱，经常发生车祸，这让政府非常头疼。19世纪初，在英国中部的一个城市里有一个风俗，女性穿红色衣服代表已婚，穿绿色衣服代表未婚。英国机械师德·哈特受到这种现象的启发，又通过分析波长长短，断定红色和绿色比较醒目，且对比强烈，于是设置了两个红、绿煤气灯。这两个灯放在杆上，由警员手动控制，红灯表示停，绿灯表示通行，这就是最初的信号灯，但因容易爆炸，没有得到普及。

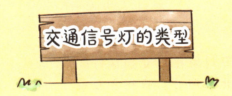

交通信号灯的类型

机动车信号灯
指导机动车通行，红灯停，绿灯行，黄灯等一等。

2 非机动车信号灯
指导非机动车通行。

3 **人行横道信号灯**
指导行人通行，红灯停，
绿灯行。

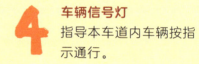

4 **车辆信号灯**
指导本车道内车辆按指
示通行。

5 **方向指示信号灯**
指导机动车按指示方向
通行。

> 交通信号灯是指挥交通运行的灯，其作用非常重要，直接关系着道路及行人的安全。

后来，不断有人对信号灯进行改进，不再使用煤气灯，而使用电气灯，还设置出了起提醒作用的黄灯。灯的颜色变成了三色，即红、绿、黄，人们将这种灯安装在路口，协助警察疏通道路，避免交通事故发生。

交通信号灯发明之后

交通信号灯的出现和完善，有效地避免了道路上车辆的堵塞和混乱。在交通信号灯的引导下，车辆和行人能有序通行，大大减少了交通事故的发生，保障了道路交通安全。

科技在进步，交通信号灯也在不断发展和创新。如今，交通信号灯的功能越来越多，比如倒计时、智能控制等。新功能的出现为城市交通的发展提供了更加完善的保障。

总而言之，交通信号灯在城市发展中扮演着重要的角色，能提高交通效率，降低交通拥堵率，让各地的交通变得更加安全、高效、有序。

控制车流量

交通信号灯最主要的用途就是控制车流量，疏通车辆。

保证行人安全

用红绿两种灯来指示行人是否可以通过马路。

交通信号灯的用途

引导车辆行驶

道路网络非常复杂，交通信号灯能指示车辆按照特定的方向行驶。

提醒驾驶员

当黄灯亮起时，提醒驾驶员提前减速或准备行车。

三种颜色　在光学中，红色光的波长长，穿透空气的能力强，容易引起人的注意；绿色与红色区别最大，所以红和绿分别表示停和进。除此之外，在表达剧烈程度方面，黄仅次于红，绿色表示冷静，所以人们常用红色代表危险，黄色代表警示，绿色代表安全。

方向指示信号灯　方向指示信号灯是由红色、黄色、绿色三种灯色组成的，三种灯色内有箭头图案，箭头的方向分别是向左、向上和向右，代表的意思是左转、直行和右转。

人行横道信号灯　人行横道信号灯内有红色行人站立图案和绿色行人行走图案，专门用来指示行人通行。红灯亮时，行人禁止进入人行横道，如果已经在人行横道中间，则可以继续通行或在道路中心停留等待。绿灯亮时，准许行人通过人行横道。

黄灯的由来　关于黄灯的由来，有人说是外国人提出的，也有人说是中国人胡汝鼎提出的。据说胡汝鼎在英国留学时，有一次，他站在十字路口，在红灯和绿灯交替时，一辆汽车飞速驶过，险些撞到他。受到惊吓的胡汝鼎开始思考如何在红绿灯之间设置一个起警示作用的灯。经过一番思考，他想到在红绿灯之间加一个黄色信号灯，以提醒人们信号灯即将切换，请行人和车辆做好准备。

橡胶

橡胶的发现

发现时间：很久之前

发 现 者：南美洲人民

发现内容：能进行可逆形变的高弹性聚合物材料

生活中，我们到处能看见橡胶制品的影子，如橡皮筋、轮胎、鞋底、暖水袋等。随着科技的进步，橡胶的应用范围更加广泛了。那么你知道橡胶是怎么被发现的吗？让我们一起来了解一下吧！

橡胶发现之前

橡胶是一种天然产品，存在于橡胶树、无花果树等植物中，主要来自橡胶树。橡胶树的表皮被割开后流出的乳白色胶乳经过凝聚、洗涤、成型、干燥后即可得到天然橡胶。

橡胶是怎样发现的

　　很久之前，在南美洲生活着很多印第安人。一次，他们无意中发现有一种树"受伤"之后会流出乳白色的液体，当地人称其为"流泪的树"。这种液体凝固后有一定的弹性，印第安人用它制成了各种生活用具和其他用品，例如我们熟悉的橡胶球。

　　15世纪后期，哥伦布航海过程中发现了生活在这里的人们，并把"流泪的树"以及其他物品带回了欧洲，欧洲人将这种

橡胶的利用过程

涂抹房屋
最初人们将收集到的橡胶涂抹在房屋上以加固房屋结构。

2 橡胶球
后来人们发现橡胶凝固后具有弹性，所以就把橡胶当成玩具来玩。

树木称为"橡胶树"，把它流出的液体称为"橡胶"。起初人们并不知道橡胶有何用途，只把它当成一种玩具。后来，有人发现橡胶能擦去铅笔痕迹，这引起了人们的注意。

1823年，有人将橡胶溶于苯中制成了防水布，并生产出了世界上第一件雨衣。从此以后，橡胶的用途被发现。后来，橡胶得到了广泛应用。

3 **加工成其他制品**
人们在橡胶中加入不同的物质，制成了各种物品。

橡胶发现之后

　　橡胶的发现对现代社会产生了深远的影响，改变了我们的生活方式。路上的汽车、天上的飞机以及其他各种交通工具，少了轮胎可不行，而轮胎就是由橡胶制成的。轮胎的出现极大地推动了交通运输的发展，让人们的出行更加便利。橡胶的发现也推动了医疗行业的发展，用橡胶制成的手套、输液器等能有效保护医疗人员，防止患者感染，用处极大。除此之外，橡胶还广泛应用于工业、农业、国防、运输、机械制造等领域。

　　但橡胶树需要一些化学农药促进其生长，这些农药会对土壤和环境造成破坏，同时，对废弃的橡胶制品的处置也是一大难题，燃烧、填埋都会污染环境。总而言之，橡胶是一种多功能材料，各个领域都少不了它的参与，为我们的生活带来了很多便利，但同时也应注意橡胶产业对环境的影响。

输送液体

橡胶制成的管道耐酸碱、耐高温，能输送液体。

橡胶的用途

制作产品

橡胶最主要的用途就是制作各种产品，如轮胎、医用手套、皮筋等。

密封

橡胶密封圈具有很好的密封性。

橡胶植物　能提供橡胶的植物并不是只有橡胶树这一种，无花果树以及大戟科植物中也能提取出橡胶。第二次世界大战期间，德国获取橡胶的常用途径被切断，人们就从这些植物中获得了橡胶。

橡胶老化　橡胶以及橡胶制品在储存、使用的过程中，很容易在内、外因素的影响下产生物理、化学反应，进而导致其失去使用价值，这种变化叫作橡胶老化。橡胶老化主要表现在龟裂、硬化、软化、变色、粉化、长霉等方面。

天然橡胶与合成橡胶　橡胶可分为天然橡胶和合成橡胶两种。天然橡胶是从橡胶植物中提取出来的，在常温下具有较高的弹性。合成橡胶是人工合成的高弹性聚合物，也具有高弹性，但没有天然橡胶的弹性好。

天然橡胶主要用于制作雨衣、水袋、松紧带、轮胎、外科医用手套等；合成橡胶广泛用于工农业、国防、交通等领域。

显微镜

显微镜的发明

发明时间： 16世纪末

发 明 家： 詹森

发明内容： 显微镜是一种由一个或几个透镜组合而成的光学仪器，能将微小的物体放大

　　显微镜是人类伟大的发明之一。它能帮助我们看到众多微小的事物，了解各种微小事物的内部构造。显微镜的用途十分广泛，被应用于医学、生物学等领域。下面，让我们一起来了解一下显微镜的相关知识吧！

显微镜发明之前

　　在显微镜被发明之前，人们依靠眼睛无法观察和认识微观世界。此后，社会生产力不断进步，人们的认知也逐渐提升，不再满足于肉眼看到的事物，还想看到更微小的事物。

显微镜是怎样发明的

最初，荷兰密得尔堡一家眼镜店的老板詹森和他的儿子无意中将两片凸玻璃放到一个金属管里，用它观看远处的建筑，发现远处的建筑竟然被放大了很多倍。就是在这样的机缘巧合之下，一个简易的显微镜被发明出来了，但当时人们仅仅把它当成一个玩具，觉得没有太大的用处。

显微镜诞生以后，就以能"明察秋毫"的魅力吸引着成千上万的"追求者"。一个叫列文虎克的青年对放大镜非常感兴趣，于是经常出入眼镜店，学习打磨镜片的技术。

显微镜的发展

油灯　水瓶

显微镜的原理
利用光将肉眼不能看到的物体放大。

2 最初的显微镜
列文虎克制造出能放大几百倍的显微镜。

目镜

镜筒

调焦螺旋

物镜

标本夹

3 现代显微镜

现代显微镜各部分零件更加完善，功能也更加强大。

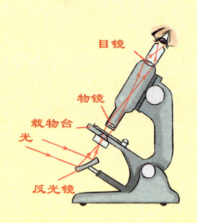

目镜
物镜
载物台
光
反光镜

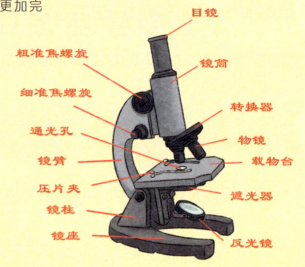

目镜
粗准焦螺旋
细准焦螺旋
通光孔
镜臂
压片夹
镜柱
镜座
镜筒
转换器
物镜
载物台
遮光器
反光镜

显微镜是人类众多发明中意义重大的一项发明，标志着人类进入了原子时代。

最终，列文虎克自己打磨出了一块直径只有零点几厘米的小透镜。他将这块透镜放在一个支架上，又在一块铜板上钻了一个小孔，并安装在透镜下面。当有光线从这个设备中射进去后就会反射出所观察的事物，世界上第一台高精度的显微镜就这样制作成功了。之后的电子显微镜、数码显微镜等放大倍数更高、更精良的显微镜都是在这个基础上制作的。

显微镜发明之后

自从有了显微镜，人们便开始用它来探索世界。1675年，列文虎克用显微镜观察雨水，竟然发现了许多奇形怪状、正在蠕动的小生物。就这样，显微镜在生物学上的应用开始了。在显微镜的帮助下，人们发现各种传染病都是由某些细菌引起的，科学家据此研制出了各种预防疾病的药物，造福人类。

进入18世纪，制造技术变得更加先进，人们制造出焦距更小的物镜，并研制出电子显微镜。电子显微镜的出现让物理学飞速发展，并推动了原子弹、氢弹等的发展。

总的来说，显微镜的发明为人类打开了微观世界的大门，让人们认识到了微生物的利与弊，在医学、农业、生物学、物理学等领域都取得了重大成果，促进了世界的发展和进步。

了解生命

通过显微镜，人们可以观察到生物体的结构，探索生命的奥秘。

确定疾病类型

显微镜可观察血液、尿液和组织等，进而确定疾病类型。

显微镜的用途

研究材料性质

化学家使用显微镜能观察到某些材料的化学反应，了解材料的性质和用途。

判断真假

用显微镜放大纸币，通过分析纸币上的花纹，可判断出纸币的真假。

恩斯特·鲁斯卡 恩斯特·鲁斯卡是德国科学家，他在最初的显微镜的基础上研制出了电子显微镜。这种显微镜比光学显微镜的分辨率更高，能观察到像百万分之一毫米那样小的物体，这在生物学上掀起了一场革命。1986年，恩斯特·鲁斯卡被授予诺贝尔奖。

马尔塞鲁·马尔比基 意大利生理学家马尔塞鲁·马尔比基致力于生物学的研究，经过不懈的努力，利用显微镜观察到了毛细血管内的血液循环。

各种显微镜 人们一开始制造的显微镜都是光学显微镜，后来研制出电子显微镜、原子力显微镜等非光学显微镜，比光学显微镜的分辨率更高，用途更广泛。

显微镜的维护 显微镜非常金贵，它的维护还是一门学问呢！首先，不能将它放在潮湿的环境中，显微镜箱内应该放置几袋硅胶作为干燥剂，还要经常对硅胶进行烘烤。其次，要防止显微镜中的光学元件上落入灰尘。再次，不要与具有腐蚀性的化学试剂放在一起。最后，在使用、摆放时切勿触碰一些尖锐的物品，如针、铁钉等。

显微镜的擦拭 在擦拭显微镜表面涂漆的部分时，所用布不能含有酒精、乙醚等有机溶剂，避免脱漆；而擦拭光学镜片时要使用专门的擦镜纸。

测谎仪

测谎仪
的发明

发明时间： 1921年

发 明 家： 约翰·拉森

发明内容： 用于辅助判断嫌疑人陈述的供词
真实与否的仪器

　　测谎仪这项发明在识别嫌疑人、帮助警察破案方面有着重要作用。可是你知道这种仪器是什么时候发明的、怎么发明的吗？在没有测谎仪之前怎么判断某人是否说谎了呢？大家一定很好奇吧，让我们一起来了解一下吧!

测谎仪发明之前

　　在测谎仪发明之前，人们主要通过观察说话人的神情、动作和语气等来判断这个人是否说谎。如有些人说谎后会不自觉地抖腿、眼睛转动、声音颤抖等；但有些人说起谎来却能做到不动声色，使人难以辨别。

测谎仪是怎样发明的

1895年，意大利的一位犯罪学家根据人在说谎时身体的变化，如脉搏加快、血压增高或降低，制作出水力脉搏记录仪，成功帮助警察破了几个案件。后来，意大利科学家贝努西在前人的基础上，对这种测谎方法进行了补充，他通过测量犯罪嫌疑人的呼吸次数来判断此人是否说谎。

1921年，加拿大籍精神病学家约翰·拉森，在总结前人经验

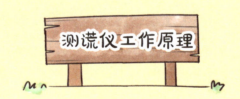

测谎仪工作原理

鼻呼吸气量描记器
用来测试人的呼吸频率。

2 **医疗环膜**
用来测试人的血压以及心率的变化情况。

测谎仪是犯罪心理测试工具，主要用来检测嫌疑人与案件有无直接关系，是一种辅助工具。

的基础上制作出世界上第一台真正意义上的测谎仪。该仪器通过测量嫌疑人的血压、脉搏、呼吸次数等，来判断该嫌疑人是否说谎。后来，这种仪器在法庭上进行了应用。

测谎仪的发明虽然具有一定的争议性，但在识别罪犯、调查案件中发挥了一定的作用，提高了警察破案的效率。

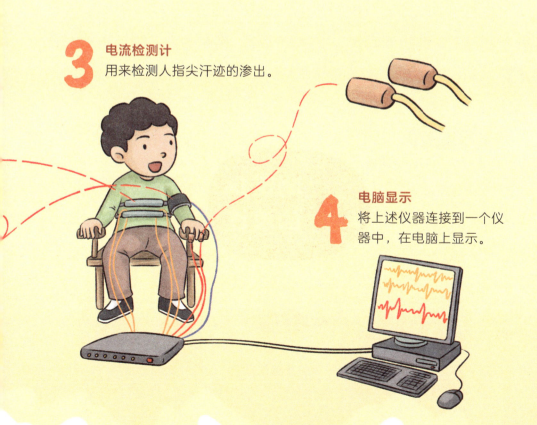

3 电流检测计
用来检测人指尖汗迹的渗出。

4 电脑显示
将上述仪器连接到一个仪器中，在电脑上显示。

测谎仪发明之后

初代测谎仪被发明之后，人们在此基础上进行研究和探索，新的测谎仪被不断研究出来，在司法、公共安全、心理研究等多个领域得到应用。应用最多的就是司法领域，专家以前期的审问、谈话为基础，采用测谎仪，向嫌疑人提出一些与案件相关的问题，进而探测嫌疑人心理上、身体上的各项指标，然后判断此人与案件是否有关。但是，测谎仪上的结果只能作为参考，并不是破案的唯一依据。因此，在办理案件时，要多方面搜寻证据，防止出现冤假错案。

测谎仪在我国的发展和应用比较晚，直到1991年我国才有了第一台自主制造的测谎仪，应用于侦查、判断案件、筛选嫌疑人等方面。

审理案件

辅助判断犯罪嫌疑人供词的真假。

测谎仪的用途

公共安全

在正常的安全检查中，测谎仪能筛选出潜在的犯罪嫌疑人。

心理研究

通过测谎仪能观察出嫌疑人的情绪、压力反应的变化和欺骗行为等。

知识爆料馆

不是专门测谎　世人对测谎仪有这样的误解：只要被测人说谎就能被测谎仪测出来。其实，测谎仪测试的是人在说谎时身体上出现的各种变化所引起的生理参数的变化，并不是直接测试谎言。大部分人在说谎时，脉搏、血压、呼吸次数等会发生变化，测谎仪通过分析这些参数来判断被测试人说的是真话还是谎言。

总有失误　是不是被测试人说了谎话，测谎仪就一定能发现呢？答案是未必。测谎仪毕竟是一种机器，当测试师水平不足、被测试人事前经过严格的测谎训练时，测谎仪就无法捕捉被测试人说谎时生理参数的变化，也就无法判断真假。

测谎的前提　并不是所有人都能随意使用测谎仪，在使用测谎仪进行测谎时有一些前提条件。首先，被测试人必须是自愿接受此项测试的（涉及刑事案件的除外），任何人都不能强迫别人接受测谎，否则是对他人人身权的侵犯；其次，测试师要有很高的专业水平并持公正态度；最后，测试结果只是审查其他证据的辅助手段，并不是定案的根据。

测前谈话　测试师与被测试人的测前谈话是整个测谎过程中极其重要的环节，甚至比正式测试还重要。测试师需要通过引导使被测试人处于适宜测谎的心理状态。

冰激凌机

冰激凌机的发明

发明时间： 19世纪

发明家： 南希·约翰逊

发明内容： 一种为生产冷冻甜品——冰激凌
而专门设计的设备

冰激凌，一种令人欲罢不能的美味冷饮，如今已成为人们日常生活中的常见食品。可是你知道吗？在过去漫长的时间里，并没有冰激凌机这种设备，所以冰激凌并不像现在这样容易获得。那么，冰激凌机是谁发明的，又是如何发明的呢？大家一定很好奇吧，让我们一起来了解一下吧！

冰激凌机发明之前

古人很早就开始尝试制作冰冻食品。他们会将食物埋在冰块中，中国古代甚至还制作出了"酥山"与"奶冰"。不过这些食物的成本比较高，只有富人才吃得起。

冰激凌机是怎样发明的

冰激凌机最早是由美国一位叫南希·约翰逊的农妇发明的。她将牛奶、奶油等原材料混合在一起倒入一个大桶里，然后将这个桶埋在大量冷冻盐卤桶中，并在顶部放置一个搅拌器，通过手摇搅拌，使原材料逐渐冻结成冰，并拥有更加细腻的口感，最终形成了类似于现代冰激凌的固体物质。

制作冰激凌的方法

1 混合
首先，将冰激凌的原材料（如牛奶、糖、香料等）按照一定的比例混合在一起，然后进行冷却，使混合物变黏稠。

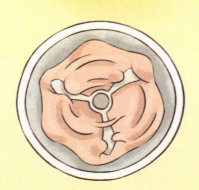

2 搅拌
将黏稠的混合物搅拌细腻，去除混合物中的大气泡。

3 制冷

制冷系统继续工作，将混合物冷却到更低的温度，使其凝固。

4 脱模

一旦冰激凌变得足够坚固，就可以将其从容器中倒出并放入冰激凌杯或碗中。此时，冰激凌就制作完成，可以享用了！

> 冰激凌机的发明，让我们制作冰激凌变得更加方便。

然而，这种制作冰激凌的方法非常费时费力。直到19世纪，美国发明家阿图斯·弗利戈发明了一种新型的冰激凌机。这种机器使用一个封闭的容器，将原材料倒入其中，然后通过压缩机制冷剂将容器冷却。在容器内部，原材料会逐渐冻结成冰，并且可以通过机器上搅拌器的快速搅拌，使冰激凌更加光滑细腻。

冰激凌机发明之后

冰激凌机发明之后，人们可以轻松地制作出各种口味的冰激凌，而不再需要手工制作。随着技术的不断发展，冰激凌机也不断改进，现在的冰激凌机已经可以制作出更加美味、更加细腻的冰激凌。

冰激凌机的发明，不仅给人们带来了美味，也给人们带来了更多的欢乐和享受。

便捷的美味

为人们提供更加方便的冰激凌制作方式，给人们带来凉爽和愉悦的感受。

冰激凌机的用途

多样化冷饮

冰激凌机除了能制作冰激凌，还能制作冰沙、冻酸奶等。通过添加不同的原料，满足不同客户的口味需求。

设备制造及服务业

如今，冰激凌机已经成为众多冷饮店、超市和家庭的必备设备，推动了设备制造和服务业的发展。

知识爆料馆

中国古代的冰激凌 中国古代的冰激凌称为"酥山"，将牛乳或豆乳放入冰中冷藏，待其冻结后取出，加入特制的糖浆和果酱，再撒上碎冰即可。

马可·波罗与冰激凌 马可·波罗是意大利著名的旅行家和探险家，他来到中国后，在一次盛大的宴会上，被主人邀请品尝一道特别的甜点，这道甜点就是中国的冰激凌。后来，马可·波罗回到欧洲，将冰激凌的制作技术带到了威尼斯，冰激凌很快就受到了当地人们的青睐。

吃冰激凌会长胖吗？ 冰激凌制作的过程中一般会添加大量的糖类和奶油。奶油中有着较高的脂肪含量，过多食用会增加人体的热量，导致发胖，影响身体健康。所以，小朋友们不要吃太多哟！

世界上最大的冰激凌 据吉尼斯世界纪录记载，目前全球最大的冰激凌诞生在我国湖南长沙，2016年5月28日，在橘洲沙滩公园，一个重达3000千克的冰激凌被制作完成，有上百人参与。

圣代 圣代严格意义上属于冰激凌的一种，但是与一般冰激凌不同的是，圣代不需要经过冷冻硬化处理，所以在口感上比较绵软顺滑，食用的时候经常搭配果酱。

电冰箱

电冰箱的发明

发明时间： 20世纪

发 明 家： 卡尔·冯·林德、布莱顿、孟德斯、米吉莱

发明内容： 一种保持恒定低温的制冷设备

电冰箱是我们现代社会每家每户不可或缺的家电。它的出现，使我们能够方便地吃上新鲜食物以及美味的冰激凌。但你知道电冰箱是如何发明出来的吗？它的工作原理是什么？大家一定很好奇吧，让我们一起来了解一下吧！

电冰箱发明之前

早在电冰箱发明之前，人们就懂得低温环境最有利于食品的保存，但是四季的轮转根本不具备恒定低温的条件，于是人们使用冰块来保持食物的低温，或者将食物放在地下室或洞穴中以保持低温。

电冰箱是怎样发明的

1873年，卡尔·冯·林德发明了便携式电冰箱，但它噪音太大，销量不理想。

1923年，瑞典工程师布莱顿和孟德斯发明了用电动机带动压缩机的冰箱。1925年，美国开始大量生产这种电冰箱。这种冰箱以氨作为制冷剂，氨虽无毒，但腐蚀性很大，一旦漏液，刺激性

电冰箱的运行原理

电冰箱的运行原理基于制冷循环和制冷剂的工作。制冷剂能够吸收和释放热量，它在电冰箱的制冷系统中循环，将热量从冰箱内部移除，从而达到降温的目的。

 压缩
压缩机将制冷剂压缩并输送到冷凝器中。

 冷凝
冷凝器将压缩的制冷剂中的热量释放到外部环境中。

臭味就会弥漫开来，这些缺点限制了冰箱进入普通家庭。

　　1930年，美国通用电气公司请工程师米吉莱研究新的制冷剂，合成了无毒、不可燃、易压缩的氟利昂。从此以后，冰箱才逐渐进入普通家庭。

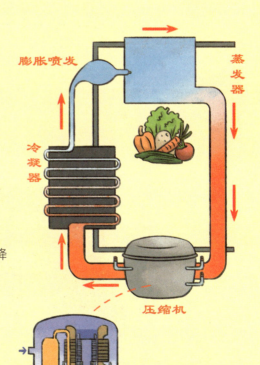

3 膨胀
膨胀阀将高压的制冷剂减压并输送到蒸发器中。

4 蒸发
蒸发器吸收食物的热量，从而降低食物的温度。

压缩机冷凝器
电冰箱的制冷系统通常是一个封闭的系统，制冷剂在系统中循环，不断重复上面的四个步骤，以达到降温的目的。

电冰箱发明之后

电冰箱发明之后，引起了人们极大的兴趣和关注。它很快成为一种流行的家电，并且迅速普及到家庭和商业场所。电冰箱不仅可以保持食物的新鲜度，还可以冷藏饮料和保存药品等，改变了人们的生活方式和习惯。

电冰箱的发明也带来了许多商业机会。人们可以远距离运输新鲜食品，例如在温暖地区种植蔬菜，然后将其运输到寒冷地区。这促进了商品流通和经济的发展。

保存食物

电冰箱能够有效地抑制细菌和霉菌的生长，从而延长食品的保质期。

丰富食物体验

让人们享受冰凉的饮料和水果，带来清凉的感觉。

电冰箱的用途

保存各种工业原料和产品

防止各种工业原料和产品因温度和湿度变化而变质。

保存药品和疫苗

保证药品和疫苗的品质和安全。

知识爆料馆

不能冷藏的食物　有些食物并不适合冷藏，例如荔枝、香蕉、火龙果等热带水果放进冰箱之后，有可能会被"冻伤"。

氟利昂　很久以来，电冰箱里的冷却剂都是氟利昂，但是氟利昂并不环保，它会破坏大气中的臭氧层，将地球直接暴露在紫外线的照射下。

无氟电冰箱　无氟电冰箱指的是不采用氟利昂作为制冷剂的电冰箱。

节能电冰箱　节能电冰箱指相对于传统电冰箱来说更加节约能源，噪声更小，更加环保的电冰箱。

热的食物可以放进电冰箱吗？　一般来说，温度高的食物不建议直接放到电冰箱里，因为这样做会让电冰箱持续制冷来为食物降温，增加电冰箱本身的耗电，而食物遇冷蒸发的水分容易让电冰箱的蒸发器上形成霜层，从而影响电冰箱的使用寿命。

电冰箱中的细菌　虽然从常识上来说，低温并不利于细菌的生存，但实际上，有一些嗜冷菌就非常喜欢低温的环境，如李斯特菌、沙门氏菌、志贺菌、耶尔森菌等。电冰箱如果不定期清理，便容易给细菌滋生的机会，引起一些食源性疾病。

抽水马桶

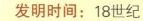

抽水马桶的发明

发明时间： 18世纪

发 明 家： 约翰·哈林顿

发明内容： 带有水箱和冲水阀门的一种坐式便器

我们对于使用抽水马桶早已习以为常，但如果哪天抽水马桶坏掉了，我们就能体会到不便了。小小的一个装置，为我们解决了大问题。那么，抽水马桶是谁发明的？是怎么发明的呢？它有怎样的发展历程？大家一定很好奇吧，让我们一起来了解一下吧！

抽水马桶发明之前

在古代，人们通常将排泄物倒在街上或排入河流、湖泊和海洋中，而且在排泄后，人们需要使用各种工具进行处理，不仅不方便，还容易令人感到不适。例如，有一种叫作"便壶"的器具，它是一种可以倒置的桶，通常是由易清洗的陶瓷或刷油之后的木材制作而成的。

抽水马桶是怎样发明的

据传说，英国贵族约翰·哈林顿经常闹便秘，所使用的设施很不方便，还要忍受很长时间的臭气，这些都让他苦不堪言。于是，他经过一番苦心研究，终于发明了一种抽水马桶。这种马桶通过水泵抽水将排泄物冲出便器，并且还有一个木质的座位。然而，这个抽水马桶并不完美，它需要手动操作，而且经常出现故障。但这个发明被认为是现代抽水马桶的雏形。

抽水马桶的原理

1 按下抽水马桶的按钮或手柄时，一个阀门被打开，允许水流入水箱。

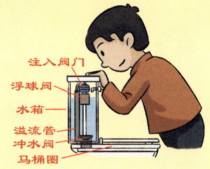

注入阀门
浮球阀
水箱
溢流管
冲水阀
马桶圈

2 当水箱中的水位上升到一定高度时，浮球阀会自动关闭进水口，阻止水流入。

3 当需要冲洗时，我们按下按钮或手柄，水箱中的水从其中的一个管道流向下水道。同时，另一个阀门打开，将水从另一个管道吸到水箱中。

桶身
吸水管

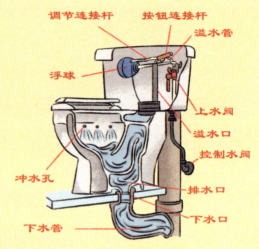

调节连接杆　　按钮连接杆
溢水管
浮球
上水阀
溢水口
控制水阀
冲水孔
排水口
下水口
下水管

抽水马桶作为现代社会的标志之一，其意义不仅在于方便和卫生，更在于提高人们的生活品质。

18世纪中后期，英国钟表匠卡明斯对抽水马桶进行了改进。其中最重要的一个发明是气压塞，它能够将排泄物和水从马桶中吸走。这个塞子的发明使得抽水马桶变得更加可靠和有效。

18世纪后期，英国发明家约瑟夫·布拉马发明了一种新型的抽水马桶，它使用水箱、阀门和浮球阀来控制水的流动。这个发明被认为是真正的现代抽水马桶。

抽水马桶发明之后

抽水马桶发明之后，并没有像其他发明一样，一下子就得到了广泛欢迎。在欧洲，由于人们的卫生意识薄弱、固有习惯难以改变以及安装成本的限制，人们不喜欢用抽水马桶。后来人们渐渐意识到不卫生的习惯与霍乱这样的可怕传染病之间的关系，政府也开始修建下水道，并颁布卫生法令，人们才开始普遍使用抽水马桶。

到了今天，随着科技的发展，各种不同样式的智能马桶相继出现，大大提高了人们的生活质量。

改善卫生环境

轻松地将排泄物冲走，减少了滋生细菌和病毒的可能。

抽水马桶的作用

提高生活品质

抽水马桶的出现让人们的生活更加便捷和舒适，也使公共场所的卫生得到了改善。

环保意义

抽水马桶的出现减少了排泄物方面的土地占用和污染，为环保事业做出了贡献。

知识爆料馆

公共卫生法令　由于工业革命以来社会经济高速发展导致的各种环境和健康问题层出不穷，1848年英国政府颁布了《公共卫生法》，规定：凡新建房屋、住宅，必须辟有厕所、安装冲水马桶和存放垃圾的地方。

欧洲霍乱与抽水马桶　过去的欧洲，人们常常不讲卫生，随意处理粪便，直到1831年夏霍乱的流行，人们才意识到卫生习惯与疾病的关系。政府开始号召人们注意卫生，并出钱建造下水道，修整厕所，为抽水马桶的安装使用创造了条件。

智能马桶盖　智能马桶盖是美国人发明的，后来日本人对其进行改良，增加了自动清洗、座圈加温、暖风烘干、自动除臭等功能。

马桶清洁剂　马桶清洁剂是一种专门对马桶进行清洁和消毒的化学制剂。它通常由清洁剂、消毒剂和芳香剂等成分组成，能够有效地去除马桶表面的污垢、细菌和异味。

马桶揣　马桶揣是一种疏通马桶的工具，关键部分是一个塑料或橡胶制成的空心圆筒。使用时，将马桶揣插入马桶或蹲厕的排水口，然后用力向上拔出，通过空气压力将堵塞物排出。

马桶的缺点　一个普通的马桶一次冲水需要消耗6~9升水，清洁马桶也需要消耗一定量的水，而且清洁剂进入下水道后，会对水环境造成污染。

钟表

生活中，钟表是必不可少的一种计时工具，有了它我们才能精准地规划各种工作、安排各科的学习、完成各项目标。钟表的应用范围非常广，种类也有很多，如摆钟、手表等。关于钟表的知识你还知道哪些呢？让我们一起来了解一下吧！

钟表发明之前

很久以前，人们通过鸡鸣声来判断时间。后来，人们通过分辨太阳照射后影子的长短来计时，并据此发明出计时的圭表、日晷，人们称它们为"太阳钟"。再后来，人们又利用刻漏、漏斗等来计时。

钟表是怎样发明的

　　我国北宋时期建造的水运仪象台是世界上第一台真正意义上的钟表装备，这个仪器采用了擒纵结构，共三层，上层放浑仪，进行天文观测，并装有能发出"嘀嗒、嘀嗒"声的擒纵器；中层放浑象，模拟天体运转；下层设木阁，也是该仪器的核心部分，能发声报时，与现代的钟表非常相似。

　　14世纪初，欧洲的一些建筑物上出现了机械报时钟。

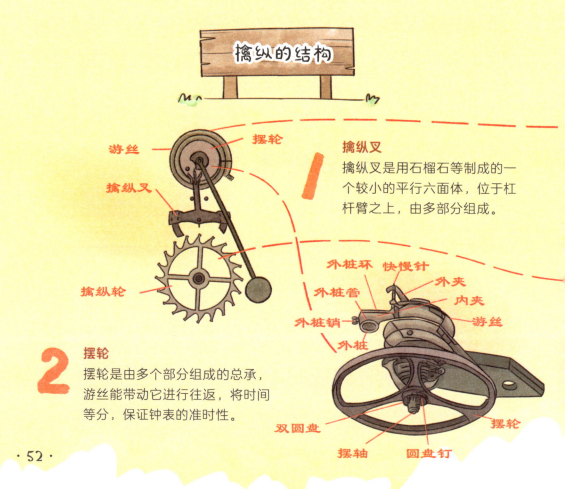

擒纵的结构

游丝　摆轮

擒纵叉
擒纵叉是用石榴石等制成的一个较小的平行六面体，位于杠杆臂之上，由多部分组成。

擒纵叉

擒纵轮

外桩环　快慢针
外桩管　　　外夹
　　　　　　内夹
外桩销　　　　游丝
外桩

2 摆轮
摆轮是由多个部分组成的总承，游丝能带动它进行往返，将时间等分，保证钟表的准时性。

双圆盘　　摆轮
摆轴　圆盘钉

它的关键部件擒纵轮的外形像鸡冠，所以又叫"冠状轮"。它的凸齿能与机轴上的两个擒纵片相咬合，两端是装有重物的摆杆，体积略大。15世纪后期，发条以及机轴擒纵结构的出现，使钟表变得不再笨重，人们发明了怀表。随着科学技术的进步，钟表不断发展，逐渐形成了今天形式多样、功能齐全的钟表。

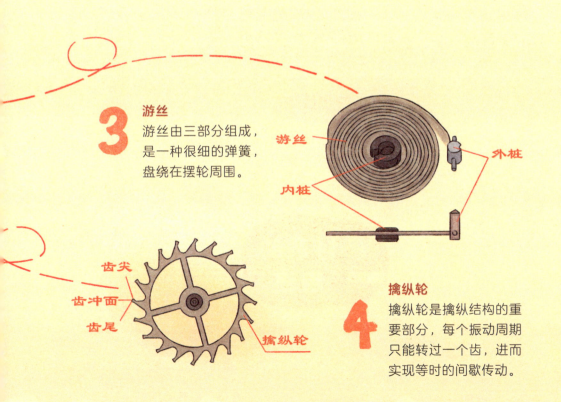

3 游丝
游丝由三部分组成，是一种很细的弹簧，盘绕在摆轮周围。

游丝　外桩　内桩

齿尖　齿冲面　齿尾　擒纵轮

4 擒纵轮
擒纵轮是擒纵结构的重要部分，每个振动周期只能转过一个齿，进而实现等时的间歇传动。

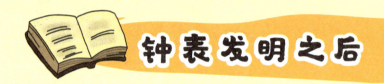

钟表发明之后

钟表经过长期演变才形成今天的样子，它将时间划分为时、分、秒，让人们清楚地知道当前的具体时间，帮助人们管理、利用时间，合理安排生活和工作。

钟表的种类有很多，它们有着不同的作用。闹钟能让人们在设定好的时间起床、睡觉、工作、学习；墙上的钟表，让人们一抬头就能看得见；手表可以戴在手腕上，便于人们随时掌控时间，还是一种配饰。

随着科技的进步，各种电子产品相继兴起，不用钟表我们也能知道时间，但钟表存在的意义是无可替代的，它至今仍是生活中不可或缺的一部分。

计时

钟表最主要的用途就是计时，帮助人们管理时间，规划好每项工作。

钟表的用途

配饰

腕表既能计时也有装饰作用。

收藏

一些年代久远的钟表具有很高的收藏价值。

知识爆料馆

南京钟　南京钟又叫本钟、苏钟，是南京的特产。明末清初，有人对西洋钟进行改进制成一种新的钟表，由于是在南京改造的且是国内的第一批，所以叫作南京钟。当时，凡是采用这项技术制造出来的钟表都称为"南京钟"。

钟表的准确度　判断钟表好坏的标准是计时是否准确，影响钟表精度的因素有很多，如选用材料、加工工艺、擒纵结构等。

第一家钟厂　1915年是我国近代机械制钟工业开始的时间。当时，民族实业家李东山出资在烟台创办了我国第一家钟表制造厂——宝时造钟厂。三年后，该厂制造出了我国第一批座挂钟，并投放市场。

校表仪　维修钟表时必不可少的一种检测仪器是校表仪，它的作用是测定钟表的走时快慢。纸带记录式校表仪能够根据线条的形状检查出钟表工作时具体的缺陷，进而精准维修故障。

体视显微镜　体视显微镜的放大倍数非常大，可以放大石英表机芯以及其他一些比较精细的零件，观察到造成钟表损坏的原因，如零件毛刺、零件与零件之间的摩擦、零件的内部缺陷等。

拉链

拉链的发明

发明时间： 19世纪

发 明 家： 惠特科姆·贾德森

发明内容： 手提包、服装等物品上的一种闭锁装置

我们在服饰、箱包等物品中总能见到拉链的影子，拉链的用途非常广泛。可是你知道拉链是什么时候发明的、怎么发明的吗？在没有拉链之前人们用什么来代替拉链呢？让我们一起来了解一下吧！

拉链发明之前

很久以前，人们用兽骨或兽角做成别针来固定衣服，后来又在生产实践中发明了纽扣。西方国家的贵妇们总要穿很多层衣服，每层衣服都需要用纽扣来固定，穿衣的"工程"很大，于是人们开始寻找一种更为简便的方法。

拉链是怎样发明的

　　18世纪末期，美国芝加哥市有一位名叫惠特科姆·贾德森的工程师。他的妻子需要穿很多层衣服，每次穿衣服都要钉纽扣，钉得手指都磨破了。他非常心疼妻子，因而就想改良纽扣，减轻妻子的麻烦。

　　在多次尝试之后，他发明出这样一个部件，这个部件由一排钩子和一排扣眼构成，当一个铁质滑纽滑动时，钩子和扣眼便会依次扣紧，这就是拉链的雏形，被人们称为"滑动绑紧器"。

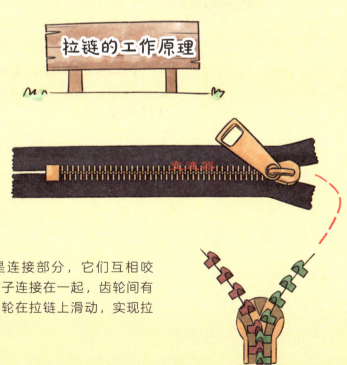

拉链的工作原理

拉链中的齿是连接部分，它们互相咬合，将两条带子连接在一起，齿轮间有空隙，能让齿轮在拉链上滑动，实现拉链的开合。

2 如果一些衣服上的拉链很难向上或向下拉，那么可以用手捏住拉片并顶住拉片下端的帽盖使劲向上提，这样能把拉头里面的插头往上拉到顶端，从而顺利拉上了。

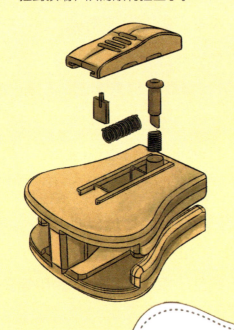

自锁结构示意图

拉链自锁功能是通过插头与弹簧等组件配合设计而成的，正常状态处于闭锁状态，只有先垂直向上拉动拉片解锁，然后才能拉动。

拉链发明以后，人们穿脱衣物更加方便、快捷了，极大地提高了生活质量。

最初，这个部件并没有流行起来，因为它总是脱钩断裂。后来，瑞士工程师森德巴克对这个部件进行了改进，他将原来的金属链换成了布条链，然后利用凹凸齿错合原理，改进了以往的缺点，人们还给它起了个新名字：拉链。

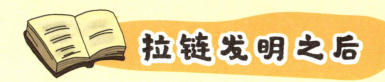

拉链发明之后

拉链发明之后，以方便、快捷、省力等多个优点，很快就传到了世界各地，人们不仅将拉链用在衣服上，连背包、手提袋、鞋子、裤子上都有了它的身影。它极大地提高了人们的生活质量，受到各地人们的欢迎。

科技在不断进步，经过不断改进，拉链也已经由最初的金属材料向各种类型的材料发展，如尼龙拉链、树脂拉链等；已经由最初的单一品种发展到如今的多品种；由最初的简单构造到如今的精巧美观；由最初的颜色单一到如今的五颜六色。

拉链如今已应用到航天、航空、军事、医疗、民用等多个领域，在人们生活中的作用越来越大。

服饰和箱包

普通的上衣、裤子、裙子等各类衣服以及各种类型的箱包上都有拉链的影子。

防水衣物

滑雪衣、羽绒服、航海服、潜水服等防水衣物中都需要防水拉链。

拉链的用途

防火衣物

消防服上采用的是防火拉链。

制成头饰

一些颜色各异、较为细小的拉链可以制成孩子头上戴的头花。

知识爆料馆

外科免缝拉链　拉链竟然还能用在外科手术中，令人匪夷所思！最初，荷兰的一家医疗公司使用一种特殊的材料做成了外科免缝拉链，并将这种拉链应用在外科手术中。这样既能减少外科医生缝合伤口的时间，也能减轻因伤口缝合给患者带来的疼痛，还能降低术后伤口感染的风险，如今已被广泛应用在医疗中。

第一次使用　拉链发明以后，最先被应用于军装。在第一次世界大战中，当时美国军队为了节省士兵穿衣的时间，将拉链应用在了军装的制作上，从而大大缩减了士兵穿衣的时间，深受士兵的青睐，后来还被应用在海军、空军的服装上。

名称由来　据说，人们在使用拉链时听到拉链发出的声音与英文中"zip"的发音非常相似，其英文名称由此而得。

中国拉链生产　1930年，拉链生产技术从日本传到我国上海，王和兴在上海城内的侯家路创建了我国第一家拉链厂，至此，拉链在我国开始流行。后来，吴祥鑫等人又分别创建了拉链厂。当时拉链厂的制作设备非常简陋，主要靠手工操作。如今，我国的拉链生产设备越来越先进，技术也越来越成熟，生产的拉链品种、样式也越来越多。

神奇创造力
改变世界的伟大发明

身边的发明

陈靖轩◎主编

黑龙江科学技术出版社
HEILONGJIANG SCIENCE AND TECHNOLOGY PRESS

图书在版编目（ＣＩＰ）数据

神奇创造力：改变世界的伟大发明．身边的发明 /
陈靖轩主编 . -- 哈尔滨：黑龙江科学技术出版社，
2024.5

ISBN 978-7-5719-2377-8

Ⅰ．①神… Ⅱ．①陈… Ⅲ．①创造发明－少儿读物
Ⅳ．①N19-49

中国国家版本馆CIP数据核字 (2024) 第081285号

神奇创造力 ： 改变世界的伟大发明．身边的发明
SHENQI CHUANGZAOLI : GAIBIAN SHIJIE DE WEIDA FAMING . SHENBIAN DE FAMING

陈靖轩　主编

项目总监	薛方闻
责任编辑	赵雪莹
插　　画	上上设计
排　　版	文贤阁
出　　版	黑龙江科学技术出版社
	地址：哈尔滨市南岗区公安街 70-2 号　邮编：150007
	电话：(0451) 53642106　传真：(0451) 53642143
	网址：www.1kcbs.cn
发　　行	全国新华书店
印　　刷	天津泰宇印务有限公司
开　　本	710 mm×1000 mm 1/16
印　　张	4
字　　数	48 千字
版　　次	2024 年 5 月第 1 版
印　　次	2024 年 5 月第 1 次印刷
书　　号	ISBN 978-7-5719-2377-8
定　　价	128.00 元（全 6 册）

嗨，亲爱的小读者，你好，欢迎阅读这套为你精心打造的科普图书。

本套书分为6册，精选了72个影响深远的创造发明。图书运用活泼有趣的图文形式，深入浅出地讲述了人类为什么创造这些发明，它们是如何被发明的以及原理是什么，对人类产生了怎样的影响等内容。

另外，本套书还介绍了发明创造的思维方法，通过具体的发明讲解，使我们了解和掌握这些思维方法，让我们也能像发明家那样思考。

每一项发明都代表着人类文明的进步。让我们穿越时空，纵览中华文明的进步史；让我们环游世界，探索那些改变世界进程的科技发明；让我们打开脑洞，感受我们身边那些有趣的发明。

嘿嘿，发挥好奇心，动手搞发明，没准你就能成为一名小小发明家呢！

好，现在出发，让我们开启一段发明与创造的探索之旅吧！

目录

豆腐

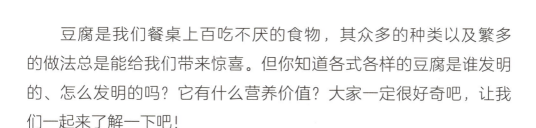

豆腐的发明

发明时间： 汉代

发 明 家： 刘安

发明内容： 一种历史悠久的凝胶体豆制品

豆腐是我们餐桌上百吃不厌的食物，其众多的种类以及繁多的做法总是能给我们带来惊喜。但你知道各式各样的豆腐是谁发明的、怎么发明的吗？它有什么营养价值？大家一定很好奇吧，让我们一起来了解一下吧！

豆腐发明之前

在豆腐发明之前，人们很难获得廉价而营养丰富的食品，蛋白质来源主要是动物产品，如肉类和乳制品，蛋白质来自植物的途径和可选择性很有限。

豆腐是怎样发明的

　　关于豆腐是如何被发明出来的，民间流传着许多说法，但最著名的，是西汉淮南王刘安发明了豆腐。刘安是汉高祖刘邦之孙、汉武帝刘彻的叔父，他喜好道家炼丹术，也可以说是古代最早的"化学实验家"之一。据说他在做"化学实验"（炼丹）的过程中，偶然发现石膏点豆汁可以形成豆腐。

　　经过多次的实验，刘安终于做出了成熟的豆腐。但还有一个

豆腐的制作过程

把洗干净的黄豆泡在水中，使其软化。

将软化的大豆加水之后磨成豆浆。

豆腐内含人体必需的多种微量元素，还含有丰富的优质蛋白，素有"植物肉"之美称。

更美丽的传说：刘安是个孝子，有一天，他的母亲病倒了，吃不下饭。刘安很着急，于是他让人将母亲最喜欢吃的黄豆磨成豆浆，又怕母亲直接喝太过寡淡，于是想加点盐，却误把石膏当作盐使得豆乳结成了块，这就是豆腐的雏形了。

3 将滤去豆渣的豆浆煮开，此时我们会看到有白色物质不断翻涌，这个就是豆浆里面的蛋白质团粒胶化之后的样子。

 加入适量的盐卤或者石膏，俗称"点卤"，这时蛋白质团粒开始凝聚、结块，也就形成了豆腐脑。

5 滤出豆腐脑中的水分，再放置一段时间后，豆腐便形成了。

豆腐发明之后

豆腐发明之后，因为营养丰富、味道鲜美而广受人们的欢迎。豆腐不但制作方法简单，价格低廉，而且可以烹制成麻婆豆腐、红烧豆腐、肉末豆腐等各种美味佳肴，非常适合大众消费。因此，豆腐成了中国饮食文化的重要代表之一。

到今天，豆腐已经成了全球美食文化的一部分，受到全世界人民的青睐。

抗击癌症

豆腐中含有一种叫大豆异黄酮的物质，能抑制癌细胞生长，对防治癌症有一定的功效。

增强人体免疫力

具有清热散血、滋阴润燥、宽中益气等作用。

豆腐的功效

补充人体所需的营养

豆腐含有丰富的蛋白质、脂肪、多种维生素、多种矿物质，被称为"植物肉"。

刘安　刘安是一个兴趣广泛的学术人才，以编纂百科全书《淮南子》而闻名于世。《淮南子》又被称为《淮南鸿烈》，探讨了宇宙生成、天地万物、伦理道德等方面的问题，涉及天文、历法、地理、水利、工艺等多个领域。

八公山豆腐宴　八公山位于安徽省淮南市境内，是刘安当年发明豆腐的地方。这里的豆腐制品历史悠久，风味独特。八公山豆腐宴菜品丰富多样，最有名的当数"八公山豆腐夹"。

麻婆豆腐　麻婆豆腐是一道四川名菜，起源于清朝同治年间，红油豆瓣酱和豆腐的搭配，呈现出一种红白相间的色彩，非常诱人。相传由于创制这道菜的是个女老板且面上微麻（也有传是其丈夫），故称"麻婆豆腐"。

豆腐干　豆腐干又称为"豆干"或"干豆腐"。它是由豆浆经过凝固、压制、切片等工艺制成的，含水量不及豆腐的一半，具有丰富的营养价值和独特的风味。

过量食用豆腐的危害　豆腐中含有丰富的蛋白质，过量食用会增加胃肠道的负担，导致消化不良、腹泻、腹胀等症状。豆腐中含有大量的嘌呤物质，过量食用可能会导致尿酸升高，增加患痛风的风险。

豆腐组成的不足　豆腐中缺少一种叫作蛋氨酸的氨基酸，使得食物中蛋白质的利用效率变低。

巧克力

巧克力的发明

发明时间：16世纪

发 明 家：西班牙人

发明内容：一种由可可树的果实可可豆制成的食品

巧克力，也叫作朱古力，在印第安语中是"（神送给人类的）苦水"的意思。但是今天，巧克力已经成为一种全球性的美食，承载着人们关于浪漫与甜蜜的想象。那么，巧克力是如何一步步走到今天的呢？让我们一起来了解一下吧。

巧克力发明之前

在巧克力发明之前，人们就发现了制作巧克力的原料——可可豆。墨西哥的阿兹特克人从可可树上取得可可豆的种子，研磨成细粉，制成一种叫作"巧克力"的药草饮料。它的味道很苦，有一些医疗效果，可用来治疗胃病和发烧。

巧克力是怎样发明的

　　1519年，西班牙的探险队乘船来到墨西哥，大肆掠夺当地的黄金、宝石、香料，还带走了大量的可可豆原料以及制造"苦水"的方法。

　　可可豆被运到欧洲之后，并没有受到人们的欢迎。大家觉得它太苦了，甚至将它送到养猪场去喂猪，结果把猪养得油光锃亮。

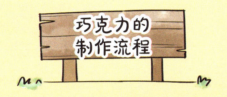
巧克力的制作流程

发酵
将可可豆去皮去壳之后进行发酵。

2 烘焙
对可可豆进行烘焙，烘焙时间长且温度较低。

3 研磨与制备

烘焙之后的可可豆，再经过研磨与制备，会得到可可酱和可可脂，将可可酱与其他原料，如糖、牛奶和香料等混合，制成巧克力浆。

4 倒入模具

将巧克力浆倒入模具中，冷却凝固后，即可得到巧克力的形状。

在特定的时候，巧克力不仅能够给人带来一份唇齿间的享受与仪式感，还会被赋予浪漫情感的特殊意义。

后来，经过西班牙人、意大利人、英国人的不断改良，才得到了香甜的巧克力，以及后来可以咀嚼的块状巧克力，并创制了巧克力系列的新食品，包括巧克力蛋糕、巧克力面包、巧克力豆等。

巧克力发明之后

　　随着时间的推移，巧克力的制作工艺得到改进，出现了各种口味和形状的巧克力。今天，巧克力制作已经成为全球性的行业，各种品牌、口味和形状的巧克力征服了几十亿人的味蕾，而且巧克力的文化意义和价值已经超越了食物的界限。在许多文化中，巧克力被视为一种奢侈品，是送给亲朋好友的礼物，也是庆祝特殊喜事的食品。巧克力还是爱情、浪漫和异国情调的象征，影响着我们的文化和生活方式。

改善心情

巧克力中的一些成分可以提高大脑中的血清素水平，从而使人感到更加快乐和放松。

保护心脏

巧克力中含有一些抗氧化物质，可以帮助预防心血管疾病，降低血压。

巧克力
的功效

促进消化

巧克力中的可可豆含有丰富的纤维素，可以促进肠道蠕动，改善消化功能。

增强免疫力

巧克力中含有丰富的抗氧化物质，可以帮助增强免疫系统的功能。

知识爆料馆

巧克力的保存　一般而言，纯巧克力的保质期是1年，牛奶巧克力及白巧克力存放不宜超过6个月，储存温度宜为12～18℃。打开包装后或没有吃完的巧克力，必须再次用食品保鲜膜包好密封，置于阴凉、干燥及通风处，并且以温度恒定为佳。

代可可脂　可可脂的替代物，是通过人工手段从一些植物油中提取出来的，不含任何可可成分，口感也不如可可脂，但是大大降低了制作巧克力的成本。

牛奶巧克力　牛奶巧克力是由瑞士的巧克力制造商制造而成的。他们将牛奶和糖添加到巧克力中，以增加它的甜度并改善口感。自此以后，牛奶巧克力在全球范围内广泛流行，并成为巧克力行业中的主导力量。

夹心巧克力　夹心巧克力是在巧克力中添加核桃、花生、榛果等（也有果酱、酒类等）内容物的巧克力，不仅能中和掉巧克力的甜腻，还能给味蕾带来愉悦。

黑巧克力　黑巧克力一般指的是比较纯的巧克力，可可固形物含量可达99%。味道比较苦且硬度较大。

镜子

镜子的发明

发明时间：1835年

发 明 家：莱比格

发明内容：表面光滑并且具有反射光线能力的物品

镜子是我们生活中司空见惯的物品，但实际上镜子的发明经历了漫长的时期，直到19世纪，镜子的制作才变得安全、便宜，镜子也因此走进万千大众的生活。那么，究竟是何人改进了镜子？镜子又是如何制作的？这些问题，大家一定很好奇吧，让我们一起来了解一下吧！

镜子发明之前

在古代，人们只能用水或者是打磨光滑的金属看到模糊的倒影。光滑的金属成本很高，富人才能用到，而且显示的影像不清晰。所以，在镜子发明之前，许多人终其一生都不太清楚自己的外貌。

镜子是怎样发明的

最早的铜镜诞生在我国春秋时期，人们对铜片的表面进行抛光打磨，从而反射人影，但是照得并不是很清晰，而且当时也只有少数贵族和富人才能用得起。

真正的银镜诞生于"水城"威尼斯。据说是玻璃工匠巴门送给自己美丽女儿的礼物。他将银板敲打成薄薄的片儿——银箔，然后

现代镜子的制作

1 **玻璃板的切割和磨削**
去除任何瑕疵或不规则之处，这个过程通常使用自动化机器来完成。

2 **金属涂层的制备**
将金属熔化为合金，然后将其涂敷到玻璃板上，这个过程常常使用一种叫作"溅射"的技术来完成。

镜子是我们生活中离不开的好朋友，它可以让人们看到自己的形象，也可以用于装饰和医疗。

将银箔贴在玻璃板后面制成了银镜。

后来，考虑到银子的成本，威尼斯人又制造出锡箔贴在玻璃板上，然后倒些水银。水银可以将锡溶解为银白色的液体，过几天干了之后便与玻璃板紧紧贴合了。

1835年，德国化学家莱比格发明了制镜的"化学镀银法"。他把水银从镜子后边"赶跑"了。今天的镜子，基本上是利用真空镀膜机制成的"镀铝镜"，镀铝的镜子，比水银镜更廉价耐用，而且无毒无害。

3 金属涂层的处理
需要经过一些处理和抛光，以确保其平整、光滑和反射光线。

4 保护涂层的施加
这个涂层由油漆、清漆或聚合物材料组成，用来延长镜子的使用寿命。

镜子发明之后

镜子出现之后，不仅服务于人们的日常生活，而且还在时尚、医疗、工业等领域有着广泛的应用。随着技术的发展，镜子已经变得五花八门，如浴室镜、化妆镜、平面镜、曲面镜等。同时，随着虚拟现实技术的发展，镜子也开始与科技结合，出现了智能镜子等新型产品。

管理个人形象

人们可以通过镜子来观察自己的仪容仪表，检查自己的牙齿、面部表情、发型等。

家居装饰

在浴室、卧室和客厅中，它具有扩大空间的作用，使房间更加明亮和宽敞。

镜子的用途

其他用途

镜子还可以用于汽车、飞机等交通工具上，一些工业领域也使用镜子进行观察和检测。

医疗和健康

镜子在医疗领域也有应用，例如应用于牙科和口腔外科等。此外，一些健身馆也配备有镜子。

知识爆料馆

威尼斯的秘密　在威尼斯出现镜子之后，许多王公贵族都趋之若鹜，镜子的价格被炒得很高。威尼斯政府下令严格封锁制作镜子的方法，泄露的人将被判处死刑。不过，后来这项技术还是被爱美的法国人偷走了。

水银镜外交　在法国王后过生日的时候，威尼斯为她献上了一块历经30多天才制作完成的水银镜，其大小就与我们今天的语文课本差不多，但价值竟高达15万法郎。

专利保护　镜子价格的降低与专利的放开不无关系。专利保护制度规定，发明专利的保密时间为20年，实用型专利为10年，不能延期。

穿衣镜　穿衣镜是一种常见的家居用品，用于帮助人们整理着装和仪容。穿衣镜通常呈矩形或椭圆形，附着在墙壁上或作为独立的家具存在。在镜子的边缘，通常会有一些装饰性的元素，如雕刻、边框或框架。

智能镜子　一种具有高科技功能的镜子，配备了嵌入式屏幕和传感器，能与智能手机或其他智能设备连接，提供天气预报、新闻简报、日程提醒等各类信息，还可以与健康监测设备相连，如心率监测器、血压计等，帮助用户监测自己的健康状况。

梳子

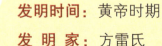

梳子的发明

发明时间：黄帝时期

发 明 家：方雷氏

发明内容：一种梳理头发的工具

梳子是日常生活中一种不可或缺的物品。它不仅用于梳理头发，还有着清洁头发、按摩头皮等功能。然而，很少有人知道梳子的发明者是谁。那么它是如何被发明出来的？这其中有许多有趣的故事，让我们一起来了解一下吧！

梳子发明之前

梳子发明之前，人们使用手指或一些简单的工具来梳理头发，如骨头、贝壳、象牙等。这些材料经过加工后就被用来梳理头发，但这些工具远不如现代的梳子方便和高效。

梳子是怎样发明的

据说黄帝有一位王妃叫作方雷氏，她非常聪明、勤劳、善良，掌管着王宫中的各种礼仪，具有很高的手工技艺。方雷氏看到当时的人们出席活动的时候头发乱得很不像样子，便开始思考如何解决这个问题。

有一天，方雷氏看到吃剩下的鱼骨头，觉得它很漂亮，便拿起来把玩。突然她灵机一动，想到可以用鱼骨来梳头发。

梳子的制作

1 用锯子将木头锯成手可以握持的木板。

2 在木板上画出梳子的轮廓，并用锯子锯出梳齿的形状，将梳子削成所需的宽度。

3 在梳子上雕刻或加上装饰，令其更加美观。

4 用砂纸将梳子磨光。

梳子能帮助我们快速整理好发型，还能促进头皮的血液循环。

后来经过多次改良，她发现木制的齿梳比鱼骨更为结实耐用，而且容易保存。从此之后，我们就有了梳子。

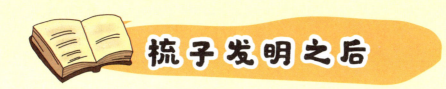

梳子发明之后

梳子发明之后，很快便成为人们日常生活中必不可少的用品之一。它不仅可以梳理头发，还可以按摩头皮，促进血液循环。

在梳子的制作材料上，人们也发挥了丰富的创造力，各种木材、金属以及动物的角都成为制作梳子的原料。

随着技术的发展，梳子也在不断升级换代，出现了电动梳子、磁力梳子等新型梳子，为人们提供了更多的选择。另外，在一些文化中，梳子被视为女性的嫁妆之一，在爱情与婚姻中具有特殊的象征意义。

清洁头发

去除头发上的灰尘和油脂，在古代甚至还用来去除虱子。

整理仪容仪表

将头发梳得整齐，并辅助人们梳理出各种各样的发型，让形象变得更加美观。

梳子的用途

辅助化妆

梳理眉毛和眼睫毛，让妆容更加美观。

按摩头皮

按摩头部穴位，促进头皮血液循环。

篦子　篦子也是梳子的一种，不过其梳齿要比常见的梳子密很多，能够去污去痒，对古人来说，还能将头上的虱子刮出来。

牛角梳　一般用水牛角制作而成，手感厚实，温润如玉，据说用牛角梳按摩头皮有促进血液循环、清热解毒的功效。

檀木梳　用檀木制成的梳子，原料有紫檀、绿檀、红檀、黑檀等。檀木木质坚硬，要几百上千年才能生长而成，并且有一种非常独特的香味。

梳发养生　我们的头顶上密布着许许多多的穴位，梳发可以帮助我们疏通经络，改善头痛、疲倦等问题，也有刺激大脑神经的作用。

梳子的象征意义　在我们中国的文化中，梳子有挂念、爱情、健康、快乐等多种寓意，也有把心结打开、顺利吉祥的含义。

眼镜

眼镜的发明

发明时间： 18世纪

发 明 家： 多位科学家

发明内容： 用于矫正视力或保护眼睛的光学器件

眼镜是生活中的常见物品，对某些人来说，眼镜是必不可少的。眼镜的种类繁多，有老花镜、近视镜、太阳镜，还有隐形眼镜，因其不同的功能而在生活中发挥不同的作用。那么，眼镜是何人发明的？几百年前，眼镜是什么样子的？这些问题，你能够回答出来吗？

眼镜发明之前

眼镜发明之前，人们很难矫正自己的视力，有些人的工作会因此而受到影响，比如从事刺绣、排字、微雕等细致工种的手工业者，不得不在稍微上了年纪之后就结束自己的职业生涯。

眼镜是怎样发明的

古时的人们已经知道了某些透明宝石具有放大的作用。

13世纪，意大利出现了一种使用玻璃制成的放大镜，可以将小型物体放大以便观察，后来在欧洲流行起来。

1315年，威尼斯城的玻璃制造师阿鲁马达斯把两个镜片用镜框连在一起，绑在鼻梁上，再用皮带拉紧套在头上。这样的发明已经接近于现代的眼镜了。

眼镜的原理

1 近视的发生是由于眼睛的调节能力出现问题，光线进入眼睛之后，投落在视网膜前方或者后方，使物体的像变得模糊。

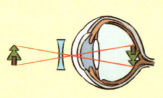

终于看清了！

好模糊呀！

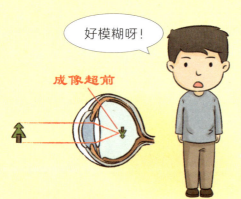

成像超前

如果焦点形成于视网膜之后，便是远视眼；如果焦点形成于视网膜之前，便是近视眼。

2 镜片的工作原理是通过折射改变光线的传播路径，使得光线能够重新准确地聚焦在视网膜上。

眼镜可为有视力障碍的人矫正视力问题，改善他们的生活质量，使其更好地融入社会。

1784年，美国人本杰明·富兰克林发明了一个支架，可以将眼镜放在鼻梁上，再把两脚勾在耳朵上，比之前的眼镜更加稳固，并且这种眼镜既可以看清近处，也可以看清远处。从此，眼镜的样式基本固定了。

3 镜片的折射角度是通过精密计算和生产工艺来控制的，以确保镜片能够有效地矫正视力。

4 最后我们要为眼镜匹配合适的镜框和颜色。

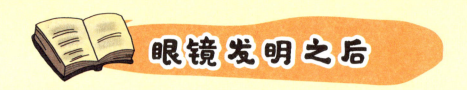

眼镜发明之后

眼镜发明之后，使有视力问题的人能够看清楚物体，改变了他们的生活方式。

随着时间的推移，眼镜的制造技术和设计风格也不断变化和改进。18世纪，眼镜的制作材料从玻璃逐渐转向了更加轻便、耐用的玻璃钢和树脂材料。同时，眼镜的款式也变得更加多样化，包括圆形、椭圆形、长方形等。

20世纪，随着科技的不断进步，眼镜的设计和制造技术得到了更大的提升。新型材料如碳素纤维、高强度塑料等开始被广泛应用在眼镜制造中。

到了今天，眼镜不再仅仅是矫正视力的工具，还成了时尚配饰和科技产品。现在的眼镜已经可以与智能手机相连接，并具有各种智能功能，例如语音识别和面部识别等。

矫正视力问题

眼镜被广泛用于矫正近视、远视、散光等视力问题。

保护眼睛

眼镜可以保护眼睛免受紫外线、红外线等有害光线的伤害。

眼镜的用途

装饰

眼镜的样式和风格多种多样，可产生不同的装饰效果。

提高视觉效果

在一些需要精细观看的场合，如阅读、写作、设计等，眼镜可以提高视觉效果。

晶状体　德国的天文学家、物理学家开普勒告诉人们：人之所以能够看清楚远近的景物，是依靠眼睛里两个凸起的透明水晶体（眼球）输入并调节透过来的光线在眼底成像而实现的。

凸透镜与凹透镜　起初制作的镜片以凸透镜为主，用以矫正"老视"和远视。后来，人们很快发现凹透镜有助于近视患者看清远处的物体。在视力不好的人群中，近视患者的占比较大。从此镜片开始按照度数分类，而不再根据年龄来分类了。

太阳镜　太阳镜是一种防止阳光刺激、保护眼睛的眼镜，款式多种多样，从传统的黑色镜片到彩色、渐变或花纹镜片都有，也是一种流行的时尚配饰。

老花镜　老花镜用于矫正老年人视力，一般由凸透镜制成，将远处的物体聚焦在视网膜上。现在还有许多新型的老花镜，如渐进多焦点老花镜、双光老花镜等。

变色镜　变色镜又称为"自动调色眼镜"，主要由光敏材料制成，在不同的光线条件下可以自动调整镜片的颜色。在阳光强烈时，镜片会变成暗色，以防止刺眼；而在室内或光线较弱的环境下，镜片则会恢复透明，让佩戴者能够清晰地看到周围的事物。

牙膏、牙刷

牙膏、牙刷
的发明

发明时间： 中世纪

发 明 家： 欧洲劳动人民

发明内容： 搭配使用于人体牙齿表面，以清洁为主要目的的产品

回顾牙刷、牙膏的发明过程，我们可以看到它们的发展历史是充满智慧和创新的，从最初的嚼块到现代的电动牙刷，人们一直在探索更好的口腔清洁方式。而这一切的进步和发展，都离不开无数科学家、发明家和普通人的努力和尝试。如今，我们享受着牙刷、牙膏带来的便利和舒适，但我们不应忘记它们的发明历程。

牙膏、牙刷发明之前

最初的牙膏是用肥皂和碳酸钙制成的，具有杀菌作用。牙刷则是将杨柳枝一端咬软或打扁，或是由骨头或象牙制成的，不但不好用，而且制作过程比较复杂。

牙膏、牙刷是怎样发明的

早在5000年前，印度人开始用嚼物来清洁牙齿。他们将树皮和树枝煮沸，制成一种叫作"詹森"的嚼块。这种嚼块有解毒、消毒和清洁牙齿的作用，被认为是世界上最早的牙膏。

1498年，意大利口腔专家亚历山德罗·瓦尔萨瓦发明了一种新型的口腔清洁剂，它包含碳酸钙、甘油、树胶和食用薄荷等成分。瓦尔萨瓦将这种混合物涂在木质牙刷上，然后用来清洁牙齿。

正确的刷牙方法

1 将牙刷呈45°角对准上下牙齿的外侧面，竖向刷或者来回打圈圈，注意不要横着刷。重复以上步骤。

2 刷内侧的牙齿面，前后左右来回刷大概十次。

3 刷毛与牙齿咬合面呈直角，刷咬合面时注意需要稍微用力，因为这里有许多"沟壑"。

4 将牙刷竖起来，刷门牙，注意最好一颗一颗地刷，不可太用力。

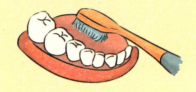

5 刷舌头，来回大约五次。

牙膏、牙刷在我们的生活中不可或缺，它们可以帮助我们保持口腔卫生和健康，预防牙齿疾病。

1760年，英国人威廉·阿迪斯在牙刷上加入了肥皂，使得清洁效果更佳。随后，法国人开始用猪鬃毛作为牙刷的刷毛，这是因为猪鬃毛具有很好的柔韧性和弹性，能够更好地清洁牙齿和牙龈。

19世纪初，美国牙医威廉·克鲁齐发明了一种新型牙刷，它以骨头为柄，刷毛是由竹子制成的。克鲁齐还提出了每天刷牙两次的建议，即早晚各一次。

1850年，法国化学家保罗·耐贡在牙膏中加入了氟化物，以帮助预防龋齿。这一发明奠定了现代牙膏的基础。

牙膏、牙刷发明之后

自从牙膏、牙刷被发明后，人们的口腔卫生得到了极大的改善，减少了口腔疾病的发生，刷牙成了人们日常生活中不可或缺的一部分。

随着时间的推移，人们开始使用更有效的牙膏和更柔软的牙刷。一些科学家和医生也开始研究口腔卫生和牙齿保健的问题。在这个过程中，一些新的口腔卫生产品也被发明出来，比如电动牙刷。

预防和治疗口腔疾病

不同类型的牙膏往往针对不同的口腔问题如龋齿、牙周炎、口腔溃疡等，具有一定的治疗作用。同时，正确的刷牙方式和牙刷选择也可以预防口腔问题的发生。

基本清洁

有了现代意义上的牙膏、牙刷之后，能够更加有效地清洁口腔。

牙膏、牙刷的作用

清新口气

牙膏中的香料能够使口气清新，使人感到舒适和自信。

知识爆料馆

牙菌斑　牙菌斑形成了牙齿表面的"细菌社区"。牙菌斑中的细菌代谢会产生硫化物、氨等有异味的气体，导致口臭问题。

润湿剂　为什么我们挤出来的牙膏总是软软的呢？这是因为牙膏中有种叫作润湿剂的保湿成分，可以防止膏体硬化，维持膏体稳定。

表面活性剂　为什么牙膏会产生白色的泡沫呢？这是由于表面活性剂具有发泡功能，可以起到洁齿的作用，而且无毒害，使用安全。

电动牙刷　电动牙刷是靠电力驱动来使牙刷头旋转振动以达到清洁效果的牙刷。电动牙刷可以使人们更科学地刷牙，更有效地将牙齿清洁干净。

牙膏的妙用

1.可以清除墙壁、沙发或门上的涂鸦。只要用蘸有牙膏的湿布擦拭，就可以有效清除。

2.可以清除搪瓷茶杯、水龙头或不锈钢上的茶垢污渍。只要在污渍处涂上牙膏后反复擦洗，一会儿就会光亮如初。

尿不湿

尿不湿的发明

发明时间：20世纪80年代

发 明 家：唐鑫源

发明内容：吸水性较强的一种婴儿、成人用品

尿不湿是随处可见的一种婴儿、成人用品，因其具有良好的吸水性，可以使婴儿、老人保持整夜的安睡，提高了睡眠质量。可是你知道尿不湿是什么时候发明的吗？让我们一起来了解一下吧！

尿不湿发明之前

古代的一些达官贵族使用棉布来吸收婴儿的排泄物；在平民家庭，则一般穿"开裆裤"。婴儿穿开裆裤，前期也许会便溺到床上，时间长了，父母就能根据婴儿的排泄时间，抱着婴儿在外面排泄。后来，人们普遍使用尿布。

尿不湿是怎样发明的

尿不湿最初是为宇航员发明的。这是怎么回事呢？1961年，宇航员加加林马上要进入发射舱了，却突感尿急，只能顺着太空服的管子向外排尿。同年，另一个国家的宇航员执行任务时也突发尿急，后来尿在了太空服里。宇航员执行任务时的排尿问题成了一大难题。

20世纪80年代，"太空服之父"唐鑫源为了解决宇航员在太

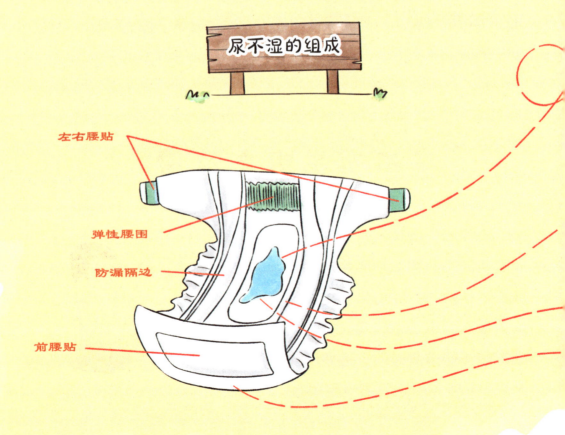

尿不湿的组成

左右腰贴

弹性腰围

防漏隔边

前腰贴

空的排尿问题，着手改进太空服。他在太空服的特定部位加入了高分子吸收体。这种吸收体能吸收一定量的水。在太空服中加入这种材料，能吸收宇航员的尿液，还不弄脏太空服，解决了宇航员的排尿问题。

后来，这项技术传入社会，人们因此发明出尿不湿，解决了婴儿、无法自理的老人的排泄问题。

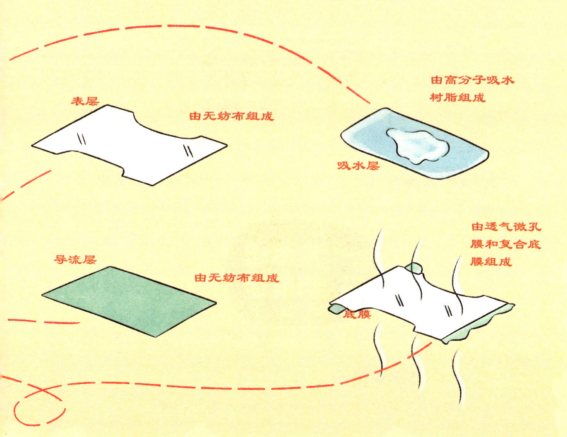

表层　　由无纺布组成

由高分子吸水树脂组成

吸水层

导流层　　由无纺布组成

由透气微孔膜和复合底膜组成

底膜

尿不湿发明之后

尿不湿发明之后，后人不断改进，创造出储水量更多、质量更好、适用人群更广的产品。对宝妈来说，再也不用担心婴儿会尿、拉在床上，弄脏衣被。而且尿不湿是一次性产品，用完之后就能扔掉，更换比较方便。

对生活不能自理的老人而言，帮扶其起床自行大小便比较困难，此时为老人用上成人尿不湿，减轻了照顾者的负担，大大方便了人们的生活。

使用时，由于婴儿的皮肤比较娇弱，所以一定要为其勤换尿不湿，并清理婴儿身上的残留物，让婴儿的皮肤保持干爽、清洁；对不能自理的老人而言也要及时更换尿不湿，防止其生出褥疮等。

保持皮肤干燥

尿不湿能将尿液与皮肤隔离，使婴儿的皮肤保持干燥。

可作为保护套

将尿不湿裁剪后，用透明胶带粘在桌角、地台角等部位，可作为临时保护套。

尿不湿的用途

防止受伤

尿不湿能避免婴儿皮肤磨伤，防止滋生病菌和尿布疹等问题。

知识爆料馆

临时冰袋　尿不湿还能当冰袋使用。如果家里有人不小心扭伤，可以拿一片尿不湿倒入干净的水，让尿不湿吸满，然后套上袋子，放在冰箱里冷冻，这样临时冰袋就做好了。然后拿着轻轻敷在扭伤的地方，可缓解疼痛。

饲养花草　植物死亡的原因有两种，一是浇水太多，涝死了；二是浇水太少，干死了。尿不湿里的水凝胶伸缩时能吸水，膨胀时能释放水。将它和泥土混合在一起，就制成了水分调节物，土壤中缺水时能释放水，土壤中含水过多时能吸收水，如此一来，含有水凝胶的土壤会让植物长得又高又壮。

更多功能　尿不湿最初的功能是防漏、吸收尿液，随着技术的进步，人们赋予了尿不湿更多的功能，如抗菌、伸缩弹性腰围、立体防漏隔边等。

尿布疹　健康的皮肤是干爽的，而使用尿不湿那部分则是潮湿的。如果尿不湿的吸水性不强，且不常更换，那么婴儿很容易得尿布疹，增加婴儿不适感。

高跟鞋

高跟鞋的发明 发明时间：约15世纪

发明家：多人

发明内容：一种高跟的鞋，最初是男士所穿，后专为女性设计

高跟鞋能凸显女性的曼妙身姿，修饰腿形，是一件属于女性的单品，几乎每位女性的鞋柜中都有一双高跟鞋。可是你知道高跟鞋是什么时候发明的、怎么发明的吗？大家也一定很好奇吧，让我们一起来了解一下吧！

高跟鞋发明之前

现代社会，高跟鞋的作用是让女性看起来更加高挑、身体比例更加和谐，显示女性的魅力。但是在以前，没有高跟鞋的概念，体现女性美丽的重点不在鞋上，而在于这个人的穿着是否华丽，胭脂水粉涂抹得是否好看。

高跟鞋是怎样发明的

　　中国周朝时期就出现高跟鞋了，当时称"礼履"，远远看去就像一个台阶。唐朝时期出现的高跟鞋底高三寸多，下底窄小，称"晚下"，类似现在的女式坡跟鞋。清朝出现了花盆鞋。后来，西方国家的高跟鞋传入我国。

　　在西方国家，高跟鞋最初是男士的单品，一些男士在骑马时为了能够紧扣马镫而特意穿后跟较高的鞋。一些身材矮小的贵族男士，为了让自己看起来更加高大，也开始借助高跟鞋。

国内高跟鞋的前身

木屐
早在商朝时期就出现了鞋跟很高的鞋，叫"木屐"。

2 晚下
唐朝时期出现"晚下"，其鞋底是慢慢落下的，流行于皇家贵族中。

3 **弓鞋**
古代畸形的审美观，要求女子缠足，出现了弓鞋。

4 **花盆底鞋**
花盆底鞋出现在清朝。

> 调查结果表明，大部分职业女性穿上高跟鞋以后会增强自信心，更加坚信自己有能力做好每一件事，促使她们在工作中更加成功。

后来，一位富商为了不让自己美丽的妻子外出，为其专门制作了一双后跟较高的鞋子。谁知妻子穿上后身材变得非常高挑，走起路来摇曳生姿。于是周围的女性开始争相效仿，慢慢地，各个国家的女性都开始穿起了高跟鞋。之后，高跟鞋经过不断改进，形成了现在的模样，并成为女性的专属物品。

高跟鞋发明之后

　　高跟鞋出现以后，经过不断演变，如今已是形式多样，也成为女性在职场及社交场合中必不可少的装备。

　　爱美之心人皆有之。在穿高跟鞋追求美丽、自信的同时，还要注意安全。一些高跟鞋的后跟又细又长，稍不注意很容易崴脚。除此之外，长时间穿高跟鞋容易出现脚痛、脚趾变形等问题，因此应控制穿高跟鞋的时间，选择适合自己、穿着舒服的高跟鞋，还要注意加强足部锻炼。

　　不管在中国还是西方国家，古代高跟鞋对女性都有一定的约束。如今，高跟鞋的流行则标志着女性政治、经济、社会地位的提高。

增高

高跟鞋最主要的用途就是增高，让人看起来高挑。

防身

特殊情况下，高跟鞋还能防身。

高跟鞋的用途

改变不良体态

穿上高跟鞋后，身体重心前移，让人不自觉地挺胸收腹，能助人纠正驼背的体态。

知识爆料馆

路易十四与高跟鞋　路易十四是法国波旁王朝第三位君王，有着崇高的地位，但是与同龄人相比，他个头比较矮小，因此他想尽办法来让自己看起来高大一些。后来，他穿上了当时的增高工具——高跟鞋。穿上高跟鞋的路易十四认为自己非常高贵，内心十分高兴。后来，路易十四下令只有贵族才能穿高跟鞋，而且高跟鞋越华丽、鞋跟越高，代表这个人的地位就越高。

谢公屐　谢公义，字灵运，是我国南朝时期的大诗人，他十分喜欢爬山。为了方便上下山，他一直研究木屐（两齿木底鞋，走起路来咯咯作响，适合在南方雨天、泥上行走），经过不断改进，发明了活齿木屐，后人也称其为"谢公屐"。上山时人们可以拆除谢公屐的前齿，留下后齿；下山时就拆除后齿留下前齿，这样不管是上山还是下山，总能让身体保持平衡，十分方便。唐朝诗人李白还曾经为谢公屐写下"脚著谢公屐，身登青云梯"的诗句。

旗袍的标配　民国时期，旗袍是女性最流行、最具代表性的服饰，而高跟鞋就是旗袍的标配。女性穿着旗袍，再配上高跟鞋，整个人看上去亭亭玉立，曼妙多姿。

蜡烛

蜡烛的发明

发明时间：约2000年前

发明家：古埃及人

发明内容：由石蜡制成的一种照明工具

每当家里停电时，我们总会用蜡烛来照明；生日宴会、红白喜事中也总会有蜡烛的身影。可是，你知道蜡烛是什么时候发明的？是怎么发明的吗？古人在没有蜡烛之前用什么来照明呢？大家也一定很好奇，让我们一起来了解一下吧！

蜡烛发明之前

很久以前，人们学会了钻木取火，晚上在外面会点燃一大堆柴火来保留火种，在室内还会点燃一些细小的木柴用来照明。这种照明方式会产生很浓的烟，常常熏得人睁不开眼睛，喘不过气来，稍不注意还容易发生火灾。

蜡烛是怎样发明的

　　蜡烛的雏形可追溯到远古时期的埃及，当时人们用动物的脂肪制成蜡烛，将其放在石头或陶器上，然后将灼烧的棍子插在脂肪的中心处，点燃后就能照明了。随着时间的推移，人们开始寻找更多制造蜡烛的材料，如蜂蜡、蜜蜡、牛脂等；灯芯也换成了植物纤维或棉线。其中，蜂蜡不会产生浓烟，也不会让人感到憋闷，深受人们的欢迎。

照明工具的演化历程

火把
火把是人类最早使用的照明工具。

蜡烛
人们以前使用的是蜜蜡，将其放在各种烛台或容器中，就成了各种照明工具。

青铜烛台

陶豆灯

走马灯

蜡烛

蜡烛的发明经历了一个漫长的过程，它的出现在某种程度上改变了人们的生活方式，方便了人们在夜间的活动。

后来，人们发现鲸脂也能制作蜡烛，用鲸脂制作的蜡烛不容易软化，即使在炎热的夏天也能保持坚硬。

大约在18世纪，人们发现了一种新材料——石蜡。这种材料是从煤矿或石油中提取出来的，燃烧温度、熔点都很高，燃烧时间也比较长，这些优良的性能使其逐渐代替了蜂蜡和蜜蜡，成为制作蜡烛的主要材料，直到现在依然是这样。

3 煤油灯
加上油和灯芯，就能使用。

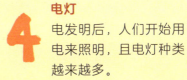

4 电灯
电发明后，人们开始用电来照明，且电灯种类越来越多。

蜡烛发明之后

蜡烛并不是某个国家或地区的专利，各国蜡烛的诞生和演化都经历了漫长的过程。蜡烛出现后，在相当长的一段时间内都是人们主要的照明工具，方便了人们在夜间活动，在某种程度上改变了人们的生活方式。

人们对蜡烛的使用越来越广泛，对它的研究也更加深入，制作出的蜡烛的功效越来越多，如无黑烟、燃烧时间长等。还有各种独具优势的蜡烛，如香味蜡烛、工艺蜡烛、音乐蜡烛、彩色蜡烛等。

后来，人们制造出煤油灯、电灯等照明工具，蜡烛作为一种照明工具逐渐淡出了人们的视线，但其在民俗和宗教方面依然有着特殊的地位，烛光晚餐、生日宴会、红白喜事等活动都少不了蜡烛的参与。

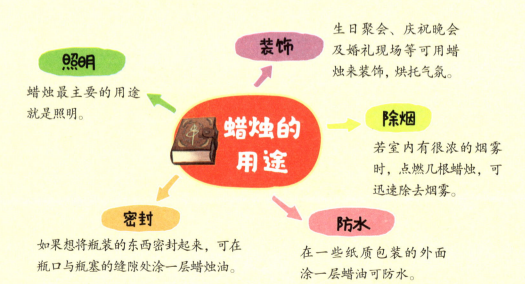

装饰
生日聚会、庆祝晚会及婚礼现场等可用蜡烛来装饰，烘托气氛。

照明
蜡烛最主要的用途就是照明。

蜡烛的用途

除烟
若室内有很浓的烟雾时，点燃几根蜡烛，可迅速除去烟雾。

密封
如果想将瓶装的东西密封起来，可在瓶口与瓶塞的缝隙处涂一层蜡烛油。

防水
在一些纸质包装的外面涂一层蜡油可防水。

知识爆料馆

剪烛　我国唐代著名诗人李商隐在《夜雨寄北》中写有"何当共剪西窗烛"的诗句。诗人为什么要剪烛呢？这是因为在古代，蜡烛烛芯是用棉线搓成的，无法完全炭化，所以需要时不时地用剪刀把残留的烛芯末端剪掉，防止蜡烛熄灭。

尖竹蜡　在西餐厅中，总能看到桌子中间有一些漂亮的蜡烛，这些蜡烛就是尖竹蜡。如果家里的装修是欧式风格，客厅中也常摆放一些尖竹蜡作为装饰。

吹蜡烛　过生日时为什么要吹蜡烛呢？据说在古希腊，人们为月亮女神举办生日庆典时，会在蛋糕上插很多点亮的蜡烛。后来，古希腊人在庆祝孩子的生日时，也会在蛋糕上插一些点亮的蜡烛，还增加了吹蜡烛许愿的环节。他们相信一口气吹灭所有的蜡烛就能愿望成真。这个习俗逐渐传到了世界各地，流行至今。

蜡烛复燃　众所周知，吹灭蜡烛后，可以看到一缕缓缓升起的白烟，此时用燃烧的火柴去点燃这缕白烟，可以出现神奇的现象：蜡烛复燃啦！这一现象中蕴含着一个化学知识：这缕白烟中有未燃烧的碳灰，这些碳灰的热量很高，用火来点燃，就会导致蜡烛复燃。

笔

笔的发明

发明时间：不统一

发明家：多个

发明内容：能够书写、画画的工具

笔是生活、学习离不开的一种物品，种类多样，如铅笔、钢笔、圆珠笔和古人用的毛笔等。随着时代的发展，笔的类型越来越多，有专门写字的笔，也有专门画画的笔，还有专门美容的笔，让我们一起来了解一下吧！

笔发明之前

很久以前，人们都是使用锋利的石头把字或图案刻在兽骨、石头、竹片或器物上，或者在土地上用木棒写字，后来人们开始用刀刻字。不管是哪种书写方式，都是既笨重又不方便。于是人们开始寻找一种既方便书写又方便携带的东西来写字。

笔是怎样发明的

　　据说，秦朝时期的蒙恬，在前人的基础上发明了在我国延续几千年的毛笔，一般都是蘸墨书写。

　　西方国家最初使用的是鹅毛笔，就是用鹅毛蘸一些墨水来书写。15世纪，一个英国人发现了纯石墨，起初用长条形的墨块书写。后来奥地利人约瑟夫·哈特穆特将墨块磨得很细，放在空心的木棒中，于是发明了铅笔。

笔的演变过程

鹅毛笔和毛笔
以前，西方国家的人使用鹅毛笔。秦朝时期，蒙恬在兔子毛蘸墨的启示下，经过不断实践发明出毛笔。

2 铅笔

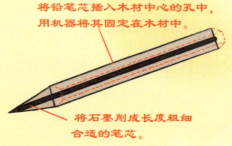

将铅笔芯插入木材中心的孔中，用机器将其固定在木材中。

将石墨削成长度粗细合适的笔芯。

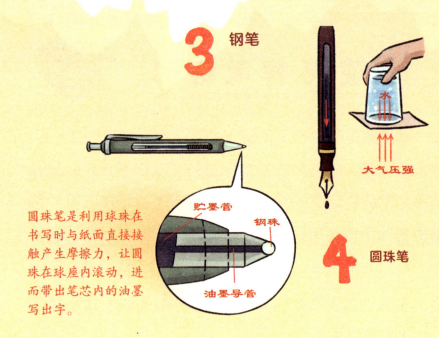

3 钢笔

玻璃管中的笔舌通过毛细槽和笔尖上的细缝将笔胆里的墨水输送到笔尖，笔尖只要一触碰到纸张，墨水就会吸附在纸上，写出文字。

水

大气压强

圆珠笔是利用球珠在书写时与纸面直接接触产生摩擦力，让圆珠在球座内滚动，进而带出笔芯内的油墨写出字。

贮墨管

钢珠

油墨导管

4 圆珠笔

笔是人类的一项重大发明，是供书写或绘画用的工具，它是世界文化发展的产物。

1884年，美国人沃特曼嫌弃羽毛笔的墨水容易弄脏文件，发明出了能控制墨水的自来水笔，后人在自来水笔的基础上发明出了钢笔。后来，清朝时期的中国留学生认为钢笔比毛笔更方便、快捷，便将其带回中国，之后钢笔被国人接纳，在我国流行起来。

20世纪40年代，匈牙利的一名校对员，因钢笔漏水而弄脏了纸，便将油墨灌在笔管里，用小钢珠代替钢笔的笔尖，圆珠笔就这样诞生了。

笔发明之后

笔作为一种书写工具，在历史的长河中经历了多次蜕变，从最初的毛笔、鹅毛笔，到后来的铅笔、钢笔、圆珠笔，人们总能发现每个阶段的笔的不足之处，然后经过不断改进，才出现了我们现在使用的各种类型的笔。不管是哪种笔，它的出现都加快了人们书写的速度，方便了知识的记录，促进了人类文明的进步和交流。如今，笔的种类也越来越多了，如自动铅笔、水彩笔、蜡笔、碳素笔等，各有用途。

书写

笔最主要的用途就是书写文字和绘画。

挽发髻

女孩子可以用笔将头发挽起来。

装饰

可以把不同类型的笔收集起来，制成装饰品。

笔的用途

用作尺子

特殊情况下，可以把笔当作尺子来画线。

武器

如果遇到了坏人，可以把笔当作防身的武器。

知识爆料馆

智能笔 近年来，市场上出现了一些智能笔，这种笔采用光学识别技术，可以将我们在电子产品上写的字存储起来，还可以将笔记同步传输到手机上，实现不同设备间的数据共享，给我们带来了全新的纸笔书写体验。

文房四宝 指笔、墨、纸、砚。毛笔是我国古代独特的书写、绘画工具，虽然世界上流行的是铅笔、圆珠笔、钢笔等，但毛笔在我国具有举足轻重的地位。墨是书写、绘画的材料。纸以宣纸为最佳选择，具有质地柔韧、色泽耐久、洁白平滑、吸水力强的优点。砚是我国书写、绘画研磨色料的工具。

铅笔芯是否有毒 众所周知，铅是一种有毒的化学元素，那么我们使用的铅笔中的铅笔芯是不是也有毒呢？其实铅笔芯是无毒的，这是因为制造铅笔芯的主要原料是石墨和黏土，与化学中的铅完全不同。

用途不同 不同的笔有着不同的用途。有些物品也叫"笔"，但和铅笔、钢笔、圆珠笔等不同，它们不是用来书写的，而是有专门的用途。比如眉笔是用来画眉毛的，眼线笔是用来画眼线的，唇笔是用来勾勒嘴唇轮廓的。所以，可不要被它们名称中的"笔"字给骗了。

旱冰鞋

旱冰鞋的发明

发明时间：18世纪

发 明 家：荷兰人

发明内容：有轮子的鞋

旱冰鞋又叫"轮滑鞋""溜冰鞋"，是生活中常见的一种运动装备，广受大人、小孩的喜欢。可是，你知道旱冰鞋是什么时候发明的、怎么发明的吗？旱冰鞋出现前古人是用什么代替它的呢？大家也一定很好奇吧，让我们一起来了解一下吧！

旱冰鞋发明之前

旱冰鞋出现前，为了在冰面上游玩，人们会坐在木板上或者坐在推车上，由人在前面拉着前行，这些都是有趣的冰面活动。可是冰块一消失，这项活动就无法开展了。

旱冰鞋是怎样发明的

很久以前，人们为了能在冰天雪地的冬天更好地行动，突发奇想，在鞋上固定了一根光滑的骨头，这样一来在冰上就能滑行向前，这就是旱冰鞋最初的样子。

一位荷兰的滑冰运动员，冬季时在冰面上训练，但是一到夏季就犯难了。他希望寻找到一种新的方式，在夏季也能正常进行滑冰训练。于是他找来一双皮鞋，将木线轴安在皮鞋下，试图在平坦的地面上滑行。经过不断尝试，他终于能在地面上滑

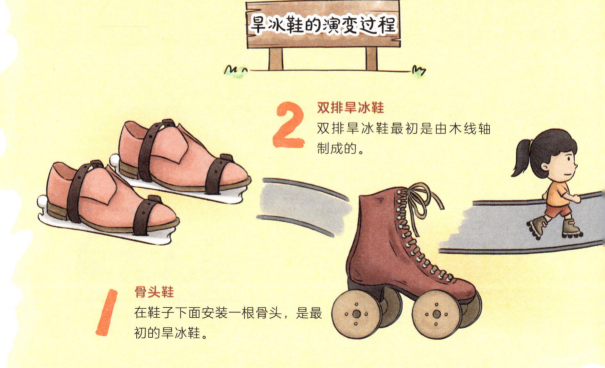

旱冰鞋的演变过程

2 双排旱冰鞋
双排旱冰鞋最初是由木线轴制成的。

1 骨头鞋
在鞋子下面安装一根骨头，是最初的旱冰鞋。

行了。

1760年，比利时的约瑟夫·默林制造了一双带轮子的旱冰鞋。由于没有刹车装置，这种鞋只能向前，无法停止，非常不方便。1863年，一个美国人发明了四轮旱冰鞋，这种旱冰鞋可以转弯、前进和后退，受到人们的欢迎，后来逐渐发展成如今的样子。

3 **安装轮子的旱冰鞋**
有人尝试在鞋下面安装轮子。

4 **四轮旱冰鞋**
逐渐形成了轮子大小相同、有刹车的旱冰鞋，延续至今。

旱冰鞋发明之后

　　旱冰鞋出现以后，深受世界各地儿童以及年轻人的喜爱。轮滑不仅是一个娱乐项目，还逐渐发展成一项新的体育运动。随着科技的不断进步，旱冰鞋的功能越来越全面，外观越来越漂亮，材质也更加新颖了。

　　生活中，轮滑作为一项体育运动，能够增强我们的平衡能力、反应能力以及柔韧性。玩轮滑的时候需要完成支撑、滑行、转弯等动作，因此膝关节、脚踝关节需要适当用力支撑身体，这能提高关节的支撑能力和灵活性，有很好的锻炼作用。但伴随而来的还有一些危险，如旱冰鞋下方的轮子若控制不当，很容易失控，发生事故，所以在享受旱冰鞋带来的愉悦、强健体魄的同时，也一定要注意安全，避免受伤。

娱乐

日常生活中，旱冰鞋的主要用途就是娱乐。

旱冰鞋的用途

竞技

在体育比赛中，有花样轮滑等项目，需要用到旱冰鞋。

锻炼身体

玩轮滑可加强全身运动，强健体魄。

知识爆料馆

现代轮滑运动　现代轮滑运动有极限轮滑、速度轮滑、花样轮滑、自由式轮滑。喜欢极限轮滑运动的大多是活力四射的年轻人，他们追求运动的极限，在街头、专业场地总能看到他们做着一些高难的动作。速度轮滑运动追求的是速度，人们时常能见到轮滑者像箭一样飞出去。花样轮滑运动带给人们的是视觉上的享受，表演者行云流水的动作，再配合音乐，总能给我们带来一场视听盛宴。自由式轮滑运动，主要带给人的是一种轻松、愉快、自在的感受。

刷街　刷街并不是用刷子把马路刷干净，它是一个网络用语，是指一些成年人在马路上把滑板、轮滑当作一种交通工具来使用。因为旱冰鞋中的轮子和地面摩擦时会发出"唰唰唰"的声音，而且主要在马路上使用，所以叫"刷街"。刷街的特点是一群人穿戴专业装备，在马路上呼啸而过（不影响交通、安全的前提下），以此来寻求快乐。

护具　在学习轮滑时，很多人会忽略护具的重要性，总认为护具太麻烦，如同累赘。其实，这种想法是错误的，护具不仅能保护自己，还能让自己保持良好的练习状态。

乒乓球

乒乓球
的发明

发明时间： 19世纪末

发 明 家： 英国人

发明内容： 流行于世界的球类体育项目

　　乒乓球是一种世界流行的球类体育项目和娱乐项目，更是我国的"国球"，很多大人、小孩都能"露两手"。可是，你知道乒乓球是什么时候发明的、怎么发明的吗？让我们一起来了解一下吧！

乒乓球发明之前

　　乒乓球是由网球演变而来的。网球在整个欧洲国家非常流行，人们十分喜爱这项运动，经常聚在户外的场地打网球。

乒乓球是怎样发明的

　　英国人非常喜爱打网球，但是玩网球的场地一般在户外，遇到刮风、下雨时就无法玩了。大约在19世纪后期，一些年轻人便把网球"搬"到了室内，他们以餐桌为球台，书为球网，羊皮纸为球拍，在餐桌上来回击打，外国称其为"Table tennis"，翻译成汉语就是"桌上网球"。

　　人们越来越喜欢"桌上网球"，后来，有人将实心的赛璐珞球改成了空心的橡胶球以增加弹力。

乒乓球规则

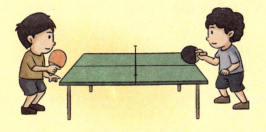

1 握拍方式
双方选手可以用横拍握法，也可以用直拍握法。

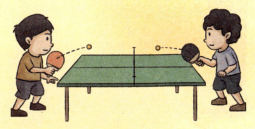

2 击球
双方选手可以用正手击球，也可以用反手击球。

3 乒乓球规则

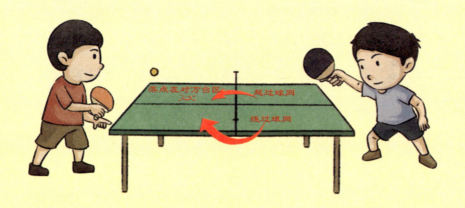

落点在对方台区　越过球网　终过球网

重要的乒乓球赛事有奥林匹克运动会乒乓球比赛、世界乒乓球锦标赛、世界杯乒乓球赛、全国乒乓球锦标赛等。

随着科技的进步，人们又将橡胶空心球改成了塑料空心球，接着，人们设计出专门打乒乓球的桌子，还设计出专门的木板球拍。

乒乓球发明以后

乒乓球对场地的要求不高，室内室外都能打，再加上乒乓球运动是一项全身运动，能强健体魄、愉悦身心，因而受到人们的喜爱。

乒乓球成为体育项目后，各国乒乓球运动员刻苦训练，期望在重大比赛中获得好成绩。最初，欧洲乒乓球运动处于鼎盛时期，后来，日本乒乓球运动震动世界乒坛。1959年，乒乓球运动员容国团为我国夺得了第一个世界冠军，令国人振奋不已。1961年第26届世界乒乓球锦标赛上，庄则栋获得乒乓球男单冠军，邱钟惠获得女单冠军，中国队拿下了乒乓球男子团体冠军。从此以后，我国的乒乓球运动开始在世界上称霸。

我国乒乓球运动的崛起不仅是中国体育事业的成功，对促进乒乓球运动的普及、推动世界乒乓球事业的发展、促进世界文化交流也有着重要意义。

竞技
乒乓球是一项竞技运动，也是奥运会比赛项目之一。

乒乓球的用途

训练工具
乒乓球可以作为训练工具使用。

娱乐
乒乓球是一个娱乐项目，在家里、学校等地都可玩。

知识爆料馆

乒乓球名字的来源 乒乓球是在英国出现的，最初的名字为"Table tennis"，由于球拍击打球的时候总会发出"乒乓"的声音，美国的一位制造商创造出了"Ping-pong"这个新词，于是乒乓球有了两个称呼。乒乓球传入中国后，"Ping-pong"的发音与中文"乒乓"相同，于是出现了"乒乓球"这个称呼。

盲人乒乓球运动 供盲人使用的乒乓球里面装有数枚铅粒，滚动时能发出悦耳的声音，球台与正常的乒乓球球台一样，不同的是球台的四周有一圈用木板条围起的挡板。比赛时，运动员会根据球滚动的声音轨迹来判断球路。

进入奥运会 1982年，国际奥委会决定，自1988年起将乒乓球列入奥运会比赛项目，这项决议极大地推动了乒乓球运动的发展。

神奇创造力
改变世界的伟大发明

发明里的科学

陈靖轩◎主编

黑龙江科学技术出版社
HEILONGJIANG SCIENCE AND TECHNOLOGY PRESS

图书在版编目（CIP）数据

神奇创造力 ： 改变世界的伟大发明．发明里的科学 ／
陈靖轩主编． -- 哈尔滨 ： 黑龙江科学技术出版社，
2024.5
　　ISBN 978-7-5719-2377-8

　　Ⅰ．①神… Ⅱ．①陈… Ⅲ．①创造发明－少儿读物
Ⅳ．① N19-49

中国国家版本馆 CIP 数据核字（2024）第 080543 号

神奇创造力 ： 改变世界的伟大发明．发明里的科学
SHENQI CHUANGZAOLI : GAIBIAN SHIJIE DE WEIDA FAMING . FAMING LI DE KEXUE

陈靖轩　主编

项目总监	薛方闻
责任编辑	赵雪莹
插　画	上上设计
排　版	文贤阁
出　版	黑龙江科学技术出版社
	地址：哈尔滨市南岗区公安街 70-2 号　邮编：150007
	电话：（0451）53642106　传真：（0451）53642143
	网址：www.lkcbs.cn
发　行	全国新华书店
印　刷	天津泰宇印务有限公司
开　本	710 mm×1000 mm 1/16
印　张	4
字　数	48 千字
版　次	2024 年 5 月第 1 版
印　次	2024 年 5 月第 1 次印刷
书　号	ISBN 978-7-5719-2377-8
定　价	128.00 元（全 6 册）

前言

嗨，亲爱的小读者，你好，欢迎阅读这套为你精心打造的科普图书。

本套书分为6册，精选了72个影响深远的创造发明。图书运用活泼有趣的图文形式，深入浅出地讲述了人类为什么创造这些发明，它们是如何被发明的以及原理是什么，对人类产生了怎样的影响等内容。

另外，本套书还介绍了发明创造的思维方法，通过具体的发明讲解，使我们了解和掌握这些思维方法，让我们也能像发明家那样思考。

每一项发明都代表着人类文明的进步。让我们穿越时空，纵览中华文明的进步史；让我们环游世界，探索那些改变世界进程的科技发明；让我们打开脑洞，感受我们身边那些有趣的发明。

嘿嘿，发挥好奇心，动手搞发明，没准你就能成为一名小小发明家呢！

好，现在出发，让我们开启一段发明与创造的探索之旅吧！

目 录

降落伞

降落伞的发明

发明时间： 18世纪

发 明 家： 路易斯·塞巴斯蒂安·雷诺曼德

发明内容： 一种能充气的气动减速装置

降落伞是被人们广泛接受的空中减速器。在一些极限运动以及军队空降兵训练中，降落伞是不可缺少的装备，在它的帮助下，人们能够从高空中缓缓落下。那么，你知道降落伞是怎么发明的吗？让我们一起了解一下吧！

降落伞发明之前

降落伞发明之前，人们对从高处落下这种举动避之不及，后来人们设计出梯子这种工具，使用梯子从高处下来，避免摔伤，但这种方式是固定的，并不像降落伞那样能让人在空中飘浮，再安全落下。

降落伞是怎样发明的

　　我国古代就有了类似降落伞的空中减速器。传说上古时期，舜曾手拿斗笠从高处平安落到地面；明朝时期，据说有人手拿特制的巨伞从高楼处一跃而下，竟平安落地等。古人就是利用这些东西从高处平安下落的。后来，我国杂技表演中有人撑伞从高处飘落到了地面。这一表演传入欧洲后，吸引了一些人的注意，他们发现撑着伞从高空平安落地主要是空气阻力在起作用。

降落伞工作原理

　　降落伞工作时会产生很大的空气阻力，能实现人、物体、飞行器的减速、控制轨迹、稳定姿态等。

伞面

伞绳

悬挂物

通过调整伞绳控制伞面的大小。伞面越大，空气阻力越大；伞面越小，空气阻力越小。

制作降落伞的材料通常是强力极大、柔韧性较好的合成纤维。

后来，一个阿拉伯人用木头、羽毛、斗篷等材料制作了一个飞行器，这个飞行器被认为是降落伞的雏形。

1783年，法国科学家和物理学家路易斯·塞巴斯蒂安·雷诺曼德借助用木架做的直径为4.2米的降落伞，从巴黎蒙彼利埃天文台塔顶跃下，并安全落地。这是历史上记载的第一次降落伞载人降落。

2

跳伞运动员在空中总是走弯曲的路线。这是因为降落伞在下降过程中，会受到水平和垂直两个方向的力，再加上空中的风速和风向在不同高度是不同的，导致跳伞运动员的"行走路线"是弯曲的。

3 **降落伞的类型**

降落伞可分为圆伞和翼伞两种类型。

圆伞：成本低，稳定性好，垂直速度快，水平速度慢。

翼伞：成本高，稳定性较差，垂直速度慢，水平速度快。

降落伞发明之后

　　降落伞发明后，有人对它进行了改进，应用在军队中。这时的降落伞能够将伞衣、伞绳等折叠包装起来放在机舱内，当军人乘坐飞机执行任务时，可穿上降落伞平安落地。后来，降落伞逐渐专门配备在军队中，还产生了独立的兵种——空降兵。

　　科学家根据降落伞降落的原理，发现了空气阻力会影响物体的运动轨迹，进而发明出各种飞行器和航空器，促进了航空事业的发展。

　　如今，降落伞逐渐发展成独立的体系，其家族成员也逐渐增加，如救生伞、阻力伞、投物伞、减速伞、航弹伞等新型降落伞，被应用在军事、娱乐等各个方面。

救援

飞机失事时，飞行员可以利用降落伞逃生。也可以利用降落伞进入偏僻地带。

训练

用作空降兵和跳伞运动员训练、比赛、表演的工具。

降落伞
的用途

娱乐

喜欢极限运动的人常把降落伞当成娱乐的工具，放松心情。

知识爆料馆

达·芬奇与降落伞 15世纪，意大利著名艺术家达·芬奇绘制了一幅降落伞草图。图中的降落伞是四方形的，伞的顶部是尖的，四个角各绑着一条绳子，人们只要将这四条绳子聚拢到一起，并抓住它们，就能将身体吊在降落伞下面，进而在空中飘荡，最后降落到地面。

军事领域中的降落伞 众所周知，降落伞应用最广泛的领域就是军事、航空航天。当战斗机飞行员在空中遇到危险时，只要拉动弹射座椅的开关，驾驶舱盖就会脱落，紧接着弹射火箭点燃，飞行员会和弹射座椅一起飞出，弹射座椅会自动打开降落伞，飞行员与弹射座椅分开后，借助降落伞就能安全降落到地面上。

民航客机不配备降落伞 为什么战斗机都配备降落伞，而民航客机不配备降落伞呢？

首先，跳伞需要极高的技术，跳伞人员在跳伞前都要接受严格的训练才能达到跳伞要求，而且学习跳伞的时间非常长，不可能任何一个乘坐客机的人都会跳伞。

其次，跳伞时需要在很短的时间内脱离飞机，还要控制身体的姿势，跳伞人员多的话需要有序进行，而且落地时还有许多要求。

最后，民航客机的载客量很大，在飞机失控的情况下，要想让乘客有序开伞、降落是很困难的，所以民航客机一般不配备降落伞。

照相机

照相机的发明

发明时间： 1837年

发明家： 达盖尔

发明内容： 一种利用光学成像原理形成影像，然后使用底片记录影像的设备

照相机一般由机身、暗箱、镜头、快门、感光片、取景器等部分组成，具有拍照、录像、保存图片等作用，深受人们的喜爱。那么，你知道照相机是怎么发明出来的吗？让我们一起了解一下吧！

照相机发明之前

照相机发明之前，人们要想记录一个人的容貌，会将这个人画在岩壁上。纸墨笔砚出现后，人们开始以作画的形式记录，或者用文字描述某个人的样貌特征，不过这两种方式容易被破坏，不够长久。

照相机是怎样发明的

18世纪的法国有这样一种职业：画师在画人像前会在模特前面点一支蜡烛，在背后的墙上贴一张白纸，画家会根据烛光投射到纸上的人影画出这个人的轮廓，然后再一笔笔画出这个人的样貌，这就是最早的"照片"了。后来，一个英国人将具有感光性能的硝酸银涂在了纸上，制成了印相纸，这种纸能把人影子"照"下来，但一见光人影就会消失。

传统照相机的工作原理

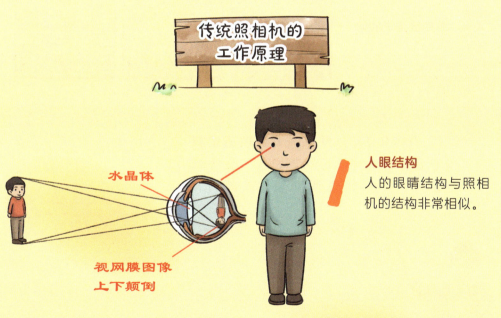

水晶体

视网膜图像上下颠倒

人眼结构
人的眼睛结构与照相机的结构非常相似。

2 倒立实像
当按下快门的一瞬间，镜头中的光线被聚焦到感光材料（胶片）上，取景器中是倒立的实像。

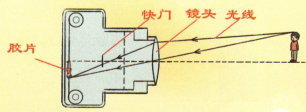

快门　镜头　光线

胶片

3 正立的实像

倒立的实像经过光学元件和反光镜处理后，就能得到一个正立的实像。

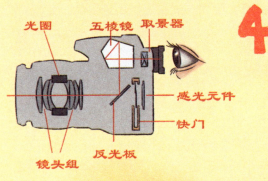

光圈　五棱镜　取景器

感光元件

快门

镜头组　反光板

4 数码相机工作原理

当按下快门时，镜头开启，镜头会捕捉图像，此时光线会聚焦在感光元件（金属氧化物半导体元件）上，并将其转化为电信号，这时电信号会被相机内部的模数转换器转换为数字信号，图像处理器对这些数字信号进行处理，然后保存在存储卡中。

5 不同镜头下的像

2018年9月，世界海关组织协调制度委员会将一种飞行物定位为"会飞的照相机"，这种飞行物就是无人机。

1837年，法国人达盖尔在前人的启发下发明出银版照相法，即水银蒸发后能让底片显像，与此同时，有人发现了它还具有定影作用。随后，达盖尔利用自己发明的底片技术，结合显影技术、定影技术等各项技术，发明出世界上第一台照相机。

照相机发明之后

第一台照相机问世后，人们不断对其进行改进，逐渐出现了彩色照片、胶片以及彩色胶片，照相机也从"大"发展成"小"，方便人们携带、记录生活片段。科技的进步带动了照相机的发展，数码照相机应运而生。数码相机可以立即显示拍摄的照片，可以储存大量照片，后期还能对照片进行处理。如今，数码拍照成为社会的主流，传统的胶片相机退出市场。

照相机已经应用到社会生活的各个方面，照相机的问世，催生了电视机、录像机等影像设备，也实现了人类观察太空的愿望。照相机的发明让影像能更好地被记录、保存和传递，促进了社会的发展和艺术的进步。

记录生活

照相机能将人像、风景、星空拍摄下来，然后保存，记录生活点滴。

记录时间

照相机还能记录每张照片拍摄的时间。

照相机的用途

商业用途

照相机拍摄的照片可用于广告、出版等行业。

知识爆料馆

慈禧的第一张照片　1901年，外国人从远处拍下了慈禧太后人生中第一张黑白照片。不过，这张照片不是正式的。当时，八国联军侵占北京，慈禧太后带着光绪皇帝匆匆逃到了西安。1901年，慈禧太后准备从西安返回北京，外国人从远处偷偷拍下了慈禧太后的照片。

照相机的维护　与电视机等设备不同，照相机需要定期维护，否则容易损坏。首先要防水、防潮、防烟尘、防强烈震动；其次要远离强磁场和强电场；最后要防止长时间对着强烈日光或强光源拍摄。

相机的分类　按照性能划分，相机分为手动型、自动曝光型、自动聚焦型；按结构划分，相机分为单镜头反光式、双镜头反光式、取景器式；按感光片划分，相机分为110、120、135、一步成像等。

世界上第一张照片　1826年，尼埃普斯拍出了世界上第一张照片，名为《谷仓与鸽子窝》。当时技术有限，这张照片足足曝光了8小时，由于曝光时间过长，导致照片很不清楚。

暗箱照相机　最初的相机只有一个暗箱，人们可以通过小孔捕捉到一个倒立的影像，后来有人据此制作出了暗箱相机。

热气球

热气球的发明

发明时间：1783年

发明家：蒙哥尔费兄弟

发明内容：填充热空气后能升上天空的气球

在一些景区中和一些大型活动现场，我们时常看到天空中飘浮着五颜六色的热气球，它们可以将气氛烘托至高潮。登上热气球的人不仅能一览无边无际的景色，还带给人居高临下的快感，让人内心愉悦。那你知道热气球的发明历程吗？让我们一起了解一下吧！

热气球发明之前

自古以来，人们总是向往飞上天空，也尝试着制造各种飞行器。我国三国时期的诸葛亮为了传达军情，发明了孔明灯，它算是热气球的前身，当时人们只用它传递消息，并无其他用途。

热气球是怎样发明的

18世纪，法国造纸商蒙哥尔费兄弟发明了热气球。

一天，蒙哥尔费兄弟发现火堆里的纸屑竟然在热空气的作用下缓缓上升。在这一现象的启发下，他们兄弟二人用塔夫绸（一种平纹绸类丝织物）制作了一个大信封，他们在信封的开口处燃火，发现信封竟然飞到了天花板上。

1783年6月，蒙哥尔费兄弟在法国小城阿诺奈的一个广场上公开表演，他们在用布制成的气球上糊上了纸，然后用稻草和木材

热气球的原理

根据热胀冷缩原理，当燃烧器将气球内的空气加热时，气球内部热空气比外部的冷空气密度小，这样就会产生浮力，热气球就会上升。

热气球飞行的动力是风，环球飞行的热气球必须在方向和速度都合适的高空气流中运动，这样才能完成环球飞行。

在气球下面点火，热气球升上了天空。同年9月，蒙哥尔费兄弟在巴黎凡尔赛宫前，为国王、王后及宫廷大臣们表演了热气球升空，"乘客"是一批小动物。同年11月，蒙哥尔费兄弟在巴黎穆埃特堡完成了世界上第一次载人空中航行，飞行一段距离后安全降落在地面。

热气球成功升天意味着人类的飞天梦实现了，为今后各种飞行器的研制奠定了基础。

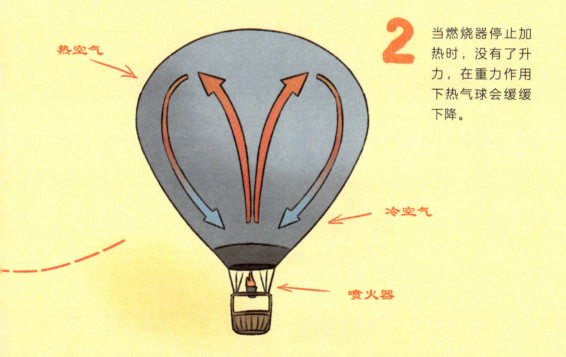

热空气

冷空气

喷火器

2 当燃烧器停止加热时，没有了升力，在重力作用下热气球会缓缓下降。

热气球发明之后

　　蒙哥尔费兄弟发明的热气球具有载物、载人的功能，被视为"现代飞行器的始祖"。热气球是人类最早实现空中飞行的一种工具，它的成功促使科学家们深入研究气象学、空气动力学以及飞行原理，促进了航空技术的发展，为后期飞机、直升机等其他航空器的发明和创造奠定了坚实的基础。

　　蒙哥尔费兄弟发明的热气球升空后，后人便不断地对球皮材料和加热燃料进行改进，改进后的热气球飞得更高、更远了，甚至可横跨太平洋、大西洋。飞机等空中交通工具发明后，热气球成了人们娱乐、探险的工具，人们将乘坐热气球当成一种浪漫的观光方式，促进了旅游业、探险活动的发展。

旅游观光

如今，热气球主要的作用就是载游客欣赏风景。

传递信息

热气球最初被用于军事领域，为军方传递信息。

热气球的用途

做广告

热气球在天空中非常醒目，一些商家会将广告悬挂在热气球上，吸引人们的注意。

最佳飞行时间　大风、大雾、降水等一些恶劣天气不适合热气球飞行，那什么时间才适合热气球飞行呢？一般是一天中太阳刚刚升起时或太阳下山前一两个小时。在这个时间段，天空中的风是相对较小，气流也很稳定，飞行起来很安全，而且还能看到绝美的风景。

"贵族"运动　热气球被称为"贵族"运动，为什么这样说呢？这是因为热气球的造价非常高，所以考取飞行执照的费用和飞行费用相对较高，因此参与热气球运动的人比较少。

透明热气球　一名拥有几十年热气球飞行经验的运动员，他设计的透明热气球让乘客非常喜欢。这款透明热气球的乘坐舱地板是一块完全透明的玻璃，乘客能够透过玻璃看到脚下的风景，不仅带给乘客视觉享受，还更具刺激性。

热气球着地　热气球着地时需要地勤人员的帮助，地勤人员会驾驶车辆跟随天空中热气球的运行轨迹，然后提前到达降落点，以确保飞行者的安全。

飞艇　飞艇是一种航空器，设计灵感来自热气球。最初的飞艇依靠人力来完成飞行，气囊中填充的是氢气，为后世飞艇的研究奠定了基础。

剪刀

剪刀的发明

发明时间： 公元前3世纪

发 明 家： 古埃及人

发明内容： 用来剪切物品的一种工具

剪刀是人们生活中不可缺少的一种工具，当刀、铲等工具使不上力的时候，剪刀可以轻而易举地完成各项工作，如剪纸、剪枝条、剪金属皮等。那你知道剪刀是怎样发明的吗？让我们一起了解一下吧！

剪刀发明之前

剪刀出现之前，人们将较大的物体分开大多使用刀等较大的工具，若想将布匹分开，或者修剪头发，则使用一些较小的削刀。至于修剪指甲，最初用石头磨，后来用锋利的刀将指甲削平整。

剪刀是怎样发明的

据说，早在公元前3世纪，古埃及人就造出剪刀了，当时的剪刀就是用C型弹簧连接两个刀片。后来，古埃及人开始用这种剪刀剪纸。我国河南洛阳西汉古墓中出土的剪刀也是这种类型的。

至于我们现在使用的这种剪刀是谁发明的，具体出现在什么时期，人们不得而知。我国考古工作者在北宋时期的古墓中挖掘出了一些文物，其中就有剪刀。

剪刀的工作原理及不同用途

工作原理
剪刀利用了杠杆原理，通过一定的力量和杠杆的长度比例，来达到不同的效果。

2 剪纸实例
当手指在剪刀柄上施力时，剪刀闭合，下刀口会产生一个向上的力，上刀口会产生一个向下的力，这两种力施加在物体上时，物体就会被剪成两部分。

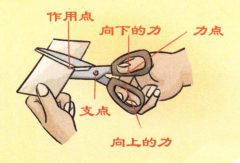

作用点　向下的力　力点　支点　向上的力

剪若刀者，称剪刀，女红纺织常用剪刀；
刀苗长者为剪子，常用来裁剪纺织而成的布。

　　当时的剪刀与现在我们使用的剪刀非常相似，在两个刀与把的中间打了轴眼，还安装了支轴，支点在刀和把中间，用起来方便又省力。

　　清朝时期，在杭州开店的手工匠人张思家采用优质钢材创造了"剪刀镶钢"工艺，改善了剪刀的质量和样式。后来又经过一步步改进变成了如今的模样。

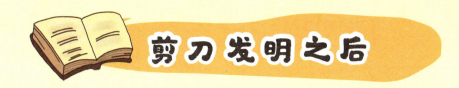

剪刀发明之后

在古代，人们对剪刀的质量要求很高，都是纯手工锻造的，一把好的剪刀通常要耗费很多时间和精力，这样剪刀更加锋利，用起来也更加顺手。如今，生产力大大发展，剪刀的生产已经机械化，在很短的时间内就能生产出成千上万把剪刀，剪刀进入千家万户后，大大方便了人们的生活。

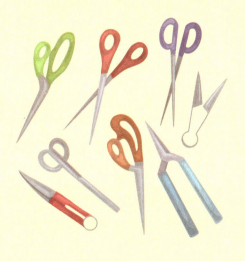

裁剪物品

剪刀可以剪纸、剪布等。

医学

医用剪刀可用来剪除腐肉、筋、皮、膜等。

剪刀的用途

理发

一些专门针对头发密度制作的剪刀，主要用来修剪头发，修剪出的头发非常有层次。

知识爆料馆

剪彩　不论古代还是现代，如果遇到重要活动，如开业典礼、开工仪式等，活动方会找一些人手捧红绸，再选代表人物手执剪刀参与剪红绸的活动，俗称剪彩。

著名剪刀品牌　我国北方著名剪刀品牌是北京的"王麻子"，南方著名品牌是"张小泉"，因此有"北王南张"的称号。

为剪刀去锈　铁质的剪刀使用一段时间后表面会覆盖一层铁锈，影响使用，所以须想办法把其表面的锈去掉。此时有三种方法可供选择：一是使用白醋，白醋呈弱碱性，能与铁锈发生化学反应，进而除掉铁锈；二是使用牙膏，一般情况下牙膏中含有摩擦剂，对去除铁锈有不错的效果；三是使用锡纸，戴上手套把剪刀生锈的地方在锡纸上来回摩擦，就能达到除锈的效果。

为剪刀消毒　剪刀使用时间长了容易滋生细菌，需要定期为它消毒，可选两种消毒方式：一是用医用酒精擦拭剪刀；二是把剪刀放入沸水中，加入少量食盐，就能对剪刀进行消毒。

无线通信

无线通信的发明

发明时间：1895年

发明家：马可尼

发明内容：无须通过线缆或其他有形媒介进行信息传递的一种通信方式

在我们的生活中，有很多设备都采用了无线通信技术，如手机、蓝牙耳机、无线网等，具有灵活性高、覆盖范围广、便于移动的优点，它让人们的通信变得十分快捷，是工作、生活不可缺少的一部分。下面，让我们一起了解一下无线通信吧！

无线通信发明之前

不同的时代有着不同的通信方式。在古代，人们用火把、击鼓的方式来传递信息，后来人们开始写信，距离较远的就借助人力送信。随着科技不断进步，人们又发明出远距离传输信息的有线电话。

无线通信是怎样发明的

19世纪末期，有人发现了短距离传输莫尔斯电码以及产生无线电波的方法，由于当时技术有限，人们并没有发现无线电波的用途。后来特斯拉在做电气试验时，发现交流电会引发共振和相互作用，于是人们开始研究无线电技术。

意大利电气工程师马可尼在前人的基础上，利用无线电技术发明出能够实现远距离通信的无线电报，这一发明意味着无线通信时代的到来。德国电气工程师布劳恩对马可尼的无线电报进行

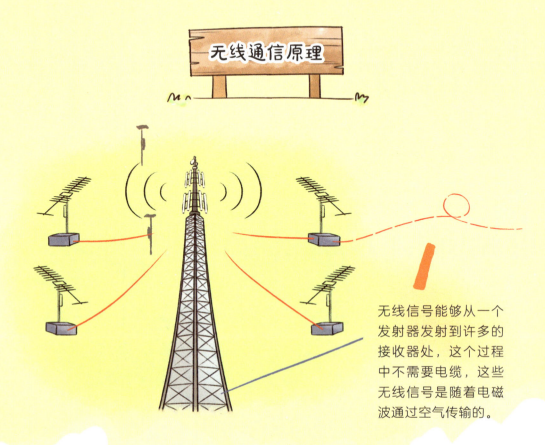

无线通信原理

无线信号能够从一个发射器发射到许多的接收器处，这个过程中不需要电缆，这些无线信号是随着电磁波通过空气传输的。

无线电波与光波一样，能以折射、反射、绕射和散射的形式传播。

了改进。1909年，马可尼和布劳恩被授予诺贝尔物理学奖，以此来表彰他们对无线电事业做出的贡献。

20世纪初期，电磁波和无线电通信技术取得了长足的进步，人们开始尝试利用无线电技术创造出更多先进的设备，因此无线电广播、收音机等无线电设备相继问世，无线通信技术的发展进入黄金时期。随着信息时代的到来，无线电技术的发展更进一步，被广泛应用于生活、国防、气象等多个领域。

2 每一种无线通信都需要专门设计的天线发送和接收无线信号。

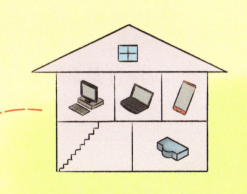

无线通信发明之后

　　无线通信的快速发展，让人与人之间的联系变得更加密切，能够通过手机、电脑、短信、邮件等形式随时随地联系到对方，让我们的生活变得更加方便、快捷。

　　无线通信技术的发明推动了各个行业的发展，人们利用无线电波的反射性发明了雷达、无线电导航定位技术，还发现无线电波辐射的能量能烤熟食物，进而发明了微波炉。除此之外，无线通信技术在广电、民航、交通、天文、救援、国家安全等领域的作用也是无可替代的。

　　无线通信技术的应用还面临着一些问题，如用户信息被泄露、容易遭受网络攻击等，影响社会的稳定，因此，加强网络管理和技术监管显得尤为重要。

日常生活

手机、蓝牙耳机等无线通信设备，方便了我们的生活。

执行军事任务

无线通信能让士兵与军官紧密通信，完成各项军事任务。

无线通信的用途

控制人群

无线通信能在远处疏散人员，避免发生危险。

徒步旅行

徒步旅行时，无线通信能让团队成员间保持联系。

知识爆料馆

NFC NFC的意思是近距离无线通信技术，具有带宽高、距离近、能耗低等优点，生活中的移动支付、门禁、防伪等都使用了这项技术。

卫星通信 卫星通信是指通过人造地球卫星作为中继站来转发无线电信号，实现多个地面站之间的通信。卫星通信系统由卫星端、地面端两部分组成。卫星端在空中，能将地面发送的信号放大后转发给其他地面站。地面站主要用来控制、跟踪卫星，进而将地面通信系统接入卫星通信系统。

无线通信的类型 根据通信距离不同，无线通信可分为远距离通信和近距离通信，远距离通信包括卫星通信、无线电广播等；近距离通信一般在10米以内，如蓝牙、NFC等。

天线 天线是无线通信中极其重要的一部分，它能将电磁波转化为电信号或者将电信号转化为电磁波，完成信号的传输和接收。

电话

电话的发明

发明时间：1876年

发 明 家：贝尔

发明内容：一种能够传送和接收声音的通信设备

电话的发明让人们的生活发生了翻天覆地的变化，它能够让远隔千里的亲人、朋友互通消息，极大地方便了人们的生活。那么，你知道电话是什么时候发明的吗？古人在没有电话之前是怎么互通消息的呢？让我们一起了解一下吧！

电话发明之前

以前，人们实现远距离传递消息的方式是互相大喊，通过声音来传递，也会通过点燃火把来传递事前约定好的消息；后来出现了送信人，他们骑马到达各地，传递往来的书信；再后来有人训练鸽子或其他飞行动物来传递信息。

电话是怎样发明的

1839年，美国人莫尔斯发明了能发送和接收信息的设备——电报机，可是人们并不满足于通过电报来传递信息，想找到更直接、快捷的方式。1873年，贝尔在电报机的基础上做了大量研究。一天，贝尔和助手在研究电报机时，助手房间里电报机上的一块簧片被吸在磁铁上了。当助手拉动这块簧片时，贝尔房间里的电报机上的簧片竟然自己颤了起来，并发出了声音。

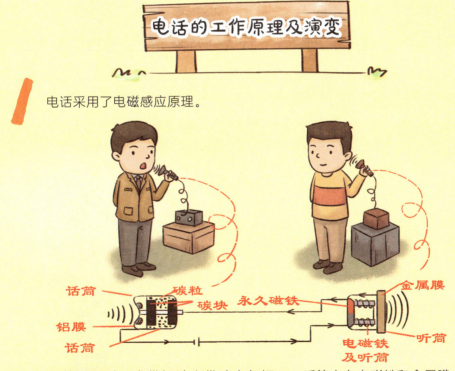

电话的工作原理及演变

电话采用了电磁感应原理。

话筒　碳粒　碳块　永久磁铁　金属膜
铝膜　话筒　电磁铁及听筒　听筒

人拿起话筒说话时，声带振动会带动空气振动，形成声波，话筒中的铝膜和碳粒会随着声波而振动，声波大小不一，会让碳粒的松紧不一，这样就能把声波变成电信号。

听筒中有电磁铁和金属膜，当电信号传入听筒中时，电磁铁会将电信号变成膜片的振动，进而还原说话的内容。

2 电话的演变

早在18世纪，欧洲一些国家就有了"电话"一词，是指用线串成的话筒或者用线串起来的杯子。

贝尔在这一现象的启发下，经过长时间的研究，终于发明出最早的电话。1876年，贝尔获得了电话发明专利。贝尔发明的电话实现了两端通话，但距离比较近，后人在此基础上不断研究，让声音传输的距离更远，听得更清楚。电话的发明解决了人类远距离通信的问题，让人们之间的联系变得更加方便。

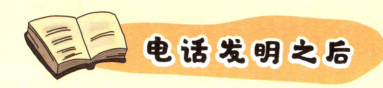

电话发明之后

　　电话发明后，人们不断对其进行改进，发明出旋转拨号的盘式电话，慢慢地，人们又发明出按键式电话。为了让电话能随身携带，人们又开始研究无线电话。20世纪初，最早的便携式手机诞生了。最初有一块砖头那么大，后来就出现了稍小一些的"大哥大"。无线电的应用加快了电话的发展，诞生了小灵通等具有通信功能的手机。21世纪，互联网技术飞速发展，出现了智能手机，功能也越来越多。

　　总而言之，电话经历了很长时间的发展才形成今天的模样。电话的发明，方便了人们的生活，让人与人之间的交流变得更加密切，信息传递变得更加迅速，促进了社会的进步。

电话的用途

传递信息

电话最主要的用途就是传递信息，互通消息。

娱乐

电话最初的主要功能是通信，智能电话出现后，电话增加了娱乐功能。

沟通

电话能增进人与人之间的联系。

知识爆料馆

电话的类型　电话有三种类型，分别是有线电话、无线电话和智能电话。有线电话能将音波转化为电子信号，通过电话线传递到双方耳朵中。无线电话有子母机、数字无绳电话等。智能电话不仅能通信，还能上网、娱乐、办公等。

长话短说　电话发明后很快传到了世界各地，20世纪时，公用电话的应用比较普遍。在德国，每部公用电话旁边都挂着写有"长话短说"字样的标识牌。这样做的目的有两个：一是早点把话说完能减少线路的占用；二是当时电话费非常贵，长话短说能省钱。

最昂贵的电话号码　"6"被认为是吉利的数字，所以大部分人在选择号码时希望号码中的"6"越多越好。世界上最贵的号码是"666-6666"，这个号码于2006年在卡塔尔首都多哈被拍卖，拍卖价格是1000万卡塔尔里亚尔，相当于人民币1800多万元。

女性接线员　早期电话接线员多为女性，这是为什么呢？原因是女性声音清脆，在电话里听起来更清晰。

古老的电话礼仪　电话刚出现时，一些国家和地区还有专门的电话礼仪，比如未经对方口头或书面允许就打去电话，会被认为是没有礼貌的行为，因此需要提前告知对方自己大概在什么时候会给对方打电话。如果与对方的关系比较亲近，则可以在不告知的情况下互通电话。

光纤

光纤的发明

发明时间： 1966年

发 明 家： 高锟

发明内容： 由塑料或玻璃制成的纤维，是一种光传导工具

光纤这项技术最初被用于医学界，用来检查患者的内脏，后来，人们发现光纤的作用可大着呢，在通信方面也大有用武之地。那么光纤是怎样被发明的呢？在它被发明之前人们是怎样理解光的呢？让我们一起了解一下吧！

光纤发明之前

自然界给予了我们光，在物理学界对光进行了更深入的研究，发现它的本质是一种处于特定频段的光子流。起初人们只是研究光的概念、光的传播规律等，而对于它的应用一直处于构思阶段。

光纤是怎样发明的

1952年，纳林德·辛格·卡帕尼在进行相关工作时，无意中拉制出了高折射率的玻璃细丝，为此他十分惊奇，便开始钻研此领域。随着研究的深入，他发现用光照射玻璃细丝的一头，光线会沿着弯曲的玻璃细丝从另外一头完全投射出来。他还发现在玻

光纤的组成及原理

结构剖面图

光纤保护层

光线在芯线中发射的时候，向前移动

由于光线在芯线中被全反射了，所以穿过此处的光线不会外漏

因为光在光导纤维的传导损耗远远低于电在电线传导中的损耗，所以光纤被用于长距离的信息传递。

璃纤维中，每根纤维都能将多个波长的光线同时传导至非常远的地方，因此称它为光导纤维。随后，纳林德·辛格·卡帕尼将光导纤维的这些优异性能公布于众，吸引了很多人的注意。

1966年，华裔学者高锟指出用光纤作为传输媒介能够实现光通信。这一理论为光纤在电信行业中的应用打下了坚实的基础，为此高锟被称为"光纤之父"，还获得了诺贝尔物理学奖。科技不断进步，人们对光纤的研究也越来越深入，如今，光纤被应用到多个领域，与人类的生活息息相关。

2 通信原理

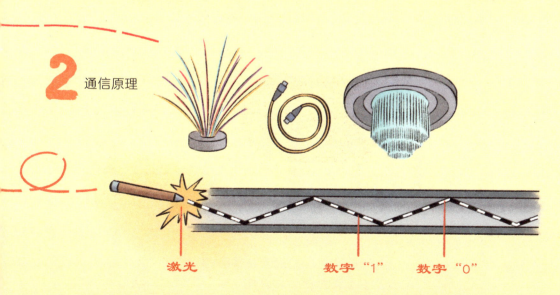

激光　　　数字"1"　　　数字"0"

光纤通信是通过激光闪烁得到数字信号来传播的。

光纤发明之后

20世纪80年代，光纤在军事上的应用掀起了高潮，主要用来建设基地间通信的局域网，创建战略、战术通信远程系统，建设雷达、卫星地球站等设备之间的链路。

20世纪90年代，互联网技术飞速发展，人们对互联网流量的需求越来越大，随之而来的是对光纤通信容量需求也飞速增长，为此，人们发明出超大容量光纤通信系统，并向着智能化、集成化的方向发展，从最初的低速传输信息发展为高速传输。

如今，光纤通信技术已经成为支撑信息社会的主要技术之一，在服务全社会人民、帮助国家建设信息社会方面发挥了重要作用。

通信

光纤传输速度快、抗干扰性强，在手机、电视、网络方面应用广泛。

工业

光导纤维可以把光输送到任何一个角落，对精细零件进行加工。

光纤的用途

医学

光纤通过输送光信号让医生看清患者各器官的情况，如内窥镜、器官成像等。

光纤传输的优点　频带宽，频带越宽，传输的容量越大；重量轻，光纤非常细，重量非常轻，安装起来十分方便；保真度高，一般情况下，光纤传输不需要中继放大，不易失真；工作性能可靠，光纤系统中涉及的设备非常少，故障率很低，工作可靠。

第一台激光器　1960年，一位美国科学家发明出世界上第一台激光器，这为光通信提供了稳定的光源。后来，科学家们对光传输介质不断研究，最终制成了低损耗光纤，为光通信奠定了基础。

光纤的成分　光纤的成分是石英，与盖房子用的沙子成分相同，但光纤里的石英必须经过特殊处理才能使用。由于石英具有传光的功能，还不导电，因此光纤不易受电磁场的影响，具有很强的抵御能力。

三种光　并不是所有的光都能用在光纤中执行信号传输任务，光纤对光的波长是有一定要求的，通常有三个常用的波长，分别是850 nm、1300 nm、1550 nm。

衰减和噪声　影响光纤信息传导效果的因素有两个，分别是衰减和噪声。衰减指传输的有用信号少，噪声指无用信号多。

二维码

二维码的发明

发明时间：1994年

发明家：日本人

发明内容：一种编码方式

生活中，我们向商家付钱或收取别人的钱时常常通过扫描手机上的二维码来完成。除此之外，很多商品都有二维码，只要用手机一扫就能知道相关信息，这让人不免惊讶二维码的神奇。那你知道它是怎样发明的吗？让我们一起了解一下吧！

二维码发明之前

二维码出现之前，人们主要通过现金、刷卡等方式来完成交易，至于商品的信息，一般都会印在包装上，了解起来不太方便。

二维码是怎样发明的

20世纪70年代，一名日本汽车工程师为了解决汽车零件的追踪问题，将各种信息编码成二进制数据，每个编码都完全不同，然后再把这些数据转换成一组矩阵式的黑白方块，二维码就这样诞生了。使用设备扫描二维码后，就能读取各种信息。

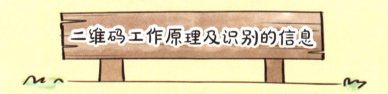

二维码工作原理及识别的信息

二维码的工作原理是将我们能看懂的文字，以机器语言的形式储存，机器语言采用二进制，用0和1表达出来。在一个二维码中，黑色小方块代表的是1，白色小方块代表的是0，黑白相间的图案就是一串编码，我们在扫码的过程中，就会将这些编码翻译成我们认识的文字。

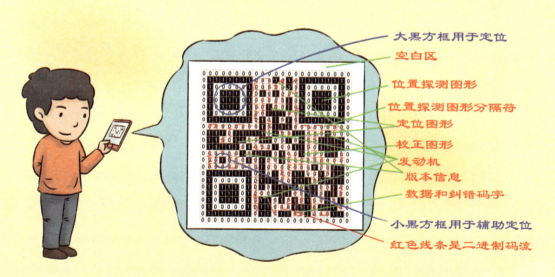

大黑方框用于定位

空白区

位置探测图形

位置探测图形分隔符

定位图形

校正图形

发动机

版本信息

数据和纠错码字

小黑方框用于辅助定位

红色线条是二进制码流

2 二维码的不同功能

付款

识别商品信息

登录软件

原来购买物品时需要到实体店或在网上商店购买，如今可以通过扫描二维码直接完成特定商品的购买。

二维码一经发明，其高效、快捷、便利的优点就被人们认可，日本零售、物流、餐饮等行业均使用了二维码。后来，二维码在全世界范围内流行起来，在我国的应用尤其广泛。起初二维码支付在我国的接受度并不高，但随着智能手机的普及、网络时代的到来，人们对手机支付的需求大大增加。如今，二维码支付已经成为移动支付和电子商务的重要方式之一。除此之外，二维码在政府服务、物流、医疗等领域的应用也越来越成熟。

二维码发明之后

　　信息时代到来以后，二维码迅速发展，生活中每个角落都有它的影子，如微信加好友、手机支付、看电子书、了解商品信息、收发快递等，只要用手机扫一扫相关的二维码，就能掌握相关信息。它的出现改变了人们的生活方式，让人们的生活变得更加便捷。

　　科技在不断进步，人们对二维码的改进和探索也从未停止，人们研制出声波码、AR码等新型二维码技术，丰富了二维码的使用场景，优化了追踪效果，让人们有更多的选择。

　　总而言之，二维码已经融入人们的生活，相信经过不断的优化，未来的二维码会更加智能、功能更加强大，为人们的工作和生活带来更多的便利。

网站跳转

通过扫描二维码能跳转到另外一个网站。

交易

二维码可用来付钱、收钱。

二维码的用途

防伪溯源

扫描二维码能查看生产地，防止买到假货。

获取信息

扫描二维码能获得所需信息。

知识爆料馆

一维条形码和二维码 　一维条形码和二维码的区别在以下几个方面：一是码制方式不同，一维条形码多采用的是128码、EAN码、UPC码等，二维码多采用的是QR Code码、PDF417码等；二是用途不同，一维条形码多用于图书管理、工业生产、交通领域等，二维码多用于手机支付、网站跳转、账号登录、获取信息等；三是信息载量不同，二维码的信息载量大于一维条形码。

易中病毒 　调查发现，二维码已经成为手机病毒、不良信息传播的渠道之一。用户在扫描二维码时可能会弹出一条链接，提醒用户下载相关软件，而这个软件很有可能藏有病毒，进而损坏手机、平板电脑等设备。有些病毒可能是犯罪分子伪装成的吸费木马，会自动扣除用户手机里的话费。

彩色二维码 　生活中常见的二维码都是黑白相间的，其实彩色二维码的生成技术也不难，就是外观上和黑白二维码有所不同，功能是完全相同的。如今，有些网站生成了彩色二维码，深受年轻人的喜爱。

最大二维码 　2015年，我国河北省一名叫徐河的青年带领团队在沧州的一处田地里，用小麦种出了一个巨型二维码，被吉尼斯组织认证为世界上最大的二维码。

计算机

计算机的发明

发明时间： 1946年

发明家： 约翰·冯·诺依曼

发明内容： 能够进行高速计算的电子机器

计算机俗称电脑，是生活、学习、办公不可缺少的一种工具。它能进行数值计算、逻辑运算，还能储存各种信息，是20世纪的先进科学技术发明之一。它的出现改变了人们的生产活动和社会活动，下面让我们一起了解一下吧！

计算机发明之前

计算机发明之前，人们计算的方式有很多，但不管哪种计算方式都是通过人脑来完成的，如结绳、算筹、算盘等。这些计算方式在每个时期都发挥了重要作用，为后期计算机的发展奠定了基础。

计算机是怎样发明的

17世纪时，有人设计出能实现加减运算的计算机，只要用手转动齿轮就能完成相关运算。20世纪时，光、电等技术发展起来，有人设计出用电动机带动齿轮运行的计算机。1941年，一名德国人研制出一台使用电磁继电器控制程序的自动计算机。

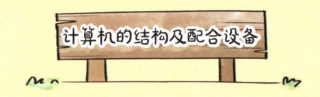

计算机的结构及配合设备

计算机的重要组件及功能

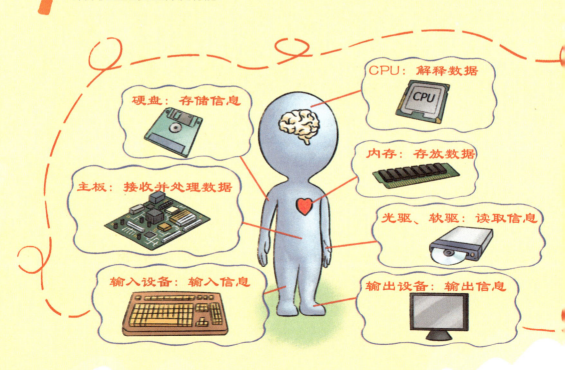

硬盘：存储信息

CPU：解释数据

内存：存放数据

主板：接收并处理数据

光驱、软驱：读取信息

输入设备：输入信息

输出设备：输出信息

如今，一些区别于传统计算机类型的新型计算机已然出现，如生物计算机、光子计算机、量子计算机等。

1946年，美国科学家约翰·冯·诺依曼研制出史上第一台电子计算机——ENIAC，该计算机诞生于美国宾夕法尼亚大学。ENIAC是第一代计算机，采用的是真空电子管，它的发明是电子计算机史上的一座里程碑。后来，人们发明出第二代（晶体管计算机）、第三代（集成电路计算机）、第四代（大规模集成电路计算机）计算机，如今我们使用的就是第四代计算机。

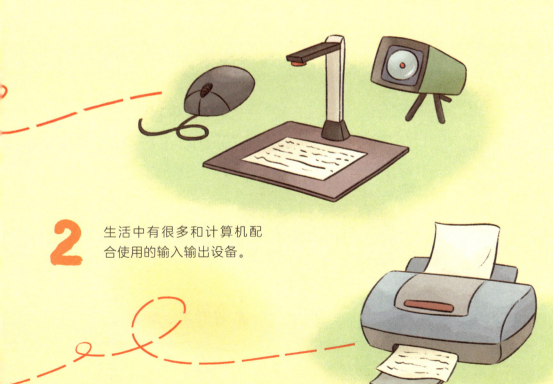

2 生活中有很多和计算机配合使用的输入输出设备。

计算机发明之后

计算机从发明到现在经历了很长时间，从原来的仅供军事、政府等使用，发展到人人都能拥有。随着科技的进步，计算机已经从功能单一、体积较大过渡到如今的功能多样、轻便小巧、网络化极高，让人们的工作、生活发生了翻天覆地的变化。

计算机的发明推动了人类探索世界的步伐，促进了更加精密、更加高效的机器的诞生。信息时代的来临，计算机实现了信息无时差、无距离的全球化传输。计算机能处理各种数据和文件，让人们更加高效地工作和学习，还为人们提供了各种工作学习方式，如云计算、远程办公、远程教育和在线学习等，让人们的工作和学习不受时空的限制。总而言之，计算机的发明解决了繁杂的计算过程，促进了信息交流和社会的发展。

娱乐和学习

利用计算机观看视频和图片、玩游戏，还能搜索各种学习资料。

办公

使用计算机能完成多项工作，提高工作效率。

计算机的用途

数据处理

广泛应用于数据分析、数据处理。

软件开发、编程

计算机是软件开发、编程的必备工具。

计算机的芯片　芯片是计算机最重要的部件，具有体积小、耗电少、成本低、速度快的优点，计算机所有的操作基本上都依靠它来完成。

计算机的组成　计算机由两部分组成，分别是硬件系统和软件系统。硬件系统由电源、CPU、主板、内存等几部分组成。软件系统包括系统软件和应用软件，系统软件由操作系统、语言处理系统等组成；应用软件主要用来解决各类实际问题。

早期计算机　早期的计算机由许多电子管组成，因此体积庞大，一台计算机需要占用一个房间，而且早期的计算机非常昂贵，只有资金雄厚的组织和个人才用得起。

帕斯卡加法器　帕斯卡加法器是手摇计算机的前身，由法国数学家帕斯卡发明而成，只能进行简单的加减法计算。帕斯卡加法器是一个约半米长的方盒子，里面有很多齿轮，以发条驱动，通过转动齿轮就能实现加减法运算。

法拉第发电机

法拉第发电机的发明

发明时间： 1831年

发 明 家： 法拉第

发明内容： 不使用化学方法的发电机

我们都知道，发电机能将其他形式的能源转化为电能。发电机发明后经过长时间的改进，逐渐走进了人们的生活，供各行各业使用。那么，你知道是谁发明的第一台发电机吗？让我们一起了解一下吧！

法拉第发电机发明之前

电被发现以后，人们对电的研究逐渐深入，陆续出现了电灯、电话等重要发明，并应用到生产当中，让生产力实现了重大飞跃。后来意大利物理学家伏打发明了化学电池，开创了电学发展的新时代。

法拉第发电机是怎样发明的

　　1821年，英国物理学家法拉第提出了这样的设想：磁能产生电，这一设想为后期发电机的发明提供了理论支持。法拉第在这一理论的支持下不断研究，于1831年发现了电磁感应定律，这一定律的出现又为发电机的发明提供了技术支持。

发电机工作原理

1 发电机各部分组成

发电机结构图

用电器　　　S　　　N　　线圈
电刷
外部电路　　　　铜环　　　磁场

2 直流发电机工作原理
线圈ab和cd做的是切割磁感线的动作，在电磁感应原理下，绕组内部会产生电流。

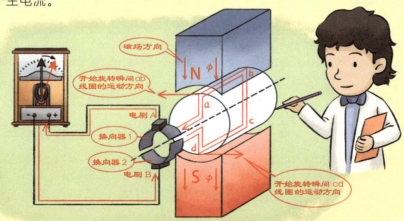

磁场方向
开始旋转瞬间ab线圈的运动方向
电刷A
换向器1
换向器2
电刷B
N φ　b
a
c
d
S φ
开始旋转瞬间cd线圈的运动方向

3 交流发电机工作原理

转子运动时会产生旋转的磁场，使定子绕组做切割磁感线的运动，进而产生感应电动势。

发电机的种类有很多，但其工作原理都遵循电磁力定律和电磁感应定律。

1831年8月的一天，法拉第将两个线圈缠在一个铁环上，当他为其中一个线圈接入直流电源时，另一个线圈也产生了电流。他认为当第一个线圈接入电流后，其内部产生的磁场发生了变化，才会让另一个线圈也产生电流。

同一年，法拉第亲自演示了发电机。他将铜盘的轴和边缘分别与电流计的两端连接，当他摇动铜盘的手柄时，铜盘在磁极间转动起来，电流计的指针也跟着动了，发电机就这样被发明出来。这是世界上第一台不使用化学方法的发电机。

法拉第发电机发明之后

法拉第发电机问世后，德国科学家西门子根据电磁感应原理对发电机进行了改进，极大地提高了发电机的工作效率。瓦特发明的蒸汽机掀起了第一次工业革命，发电机的发明则掀起了第二次工业革命，代表着电气时代的到来，使生产力快速发展，推动了社会的进步。

随着社会的进步，人们发明的发电机的类型越来越多，功能越来越强大，如直流发电机、交流发电机、异步发电机、同步发电机、水轮发电机、风能发电机等。

发电机在国防科技、工业生产、农业活动以及日常生活中都有广泛的用途。

备用电源

发电机可提供电源，是一种备用电源。

发电机的用途

汽车动力

发电机能为汽车提供动力。

移动电源

可以用来为手机、相机等设备充电。

知识爆料馆

西门子　西门子是德国著名发明家、科学家，他创立的西门子公司是全球电子电气工程领域的领先企业，在全世界有着举足轻重的地位。

机械动力　发电机在机械动力的作用下才会产生电，那么这个机械动力来自于哪里呢？发电机的机械动力来源有很多，如风能、水能、太阳能、热能等。

发电机类型　根据输出电流方式的不同，发电机可分为直流发电机和交流发电机。直流发电机产生的电流始终是一个方向，较为稳定，而交流发电机产生的电流方向会发生变化；直流发电机主要依靠产生的磁力实现电能的转换，交流发电机主要通过转子在旋转时感应发电机内传导线圈中的磁场进而产生电流，这就是电磁感应原理；直流发电机主要应用在汽车、船舶等行业，交流发电机主要用于工业机器设备或城市供电。

电机发热　一般情况下，发电机使用时间过长会发热，这是什么原因导致的呢？导致这种现象的直接原因是发电机长时间以大电流的方式运转。除此之外，当线圈短路、开路，电机效率低时，也会出现电机发热的现象。

磁悬浮

磁悬浮的发明

发明时间：1922年

发 明 家：赫尔曼·肯佩尔

发明内容：在磁力的作用下，让物体克服重力，进而悬浮的一种技术

磁悬浮技术在交通上的应用较为广泛，磁悬浮列车就是其中一种。这种车辆能在磁力作用下悬浮在导轨上正常运行，是较为先进的一种交通工具。那么，你知道磁悬浮技术是怎样发明的吗？磁悬浮列车又是怎样的呢？让我们一起了解一下吧！

磁悬浮发明之前

在古代，人们要想让物品浮在空中，只能借助外物。著名的"悬空寺"就是用一根根柱子支撑起来的，远远望去就像悬在空中一样。当然，也可以用线将较轻的物品挂在某处，让它随风飘动。

磁悬浮是怎样发明的

很久以前就有人提出使物体在磁力的作用下处于悬浮状态的设想了，但当时技术有限，并没有人深入研究。1842年，一名叫恩休的英国人提出了磁悬浮的概念，为此，他还证明了仅依靠永久性磁铁无法让一个铁磁体在所有方向上都保持自由稳定的悬浮状态。20世纪初，有人指出未来可能会出现无摩擦阻力的磁悬浮列车。1922

磁悬浮列车工作原理

1 磁悬浮列车利用磁铁之间同性相斥、异性相吸的原理，通过电磁力实现轨道之间无接触，让列车悬浮起来运行。磁悬浮列车又分为常导吸引型和超导推斥型。

磁悬浮列车是怎样前进的呢？

2 常导吸引型是用电力做成电磁体,利用电磁体之间的引力或者排斥力让列车悬浮起来。

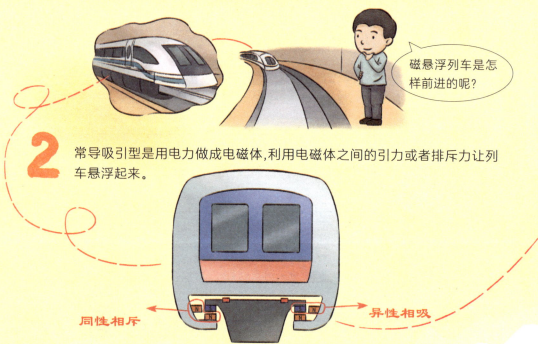

同性相斥　　　　　异性相吸

年，德国工程师赫尔曼·肯佩尔提出了电磁悬浮原理，并于1934年申请了磁悬浮列车的专利。此后几十年里，许多科学家深入研究磁悬浮这项技术。20世纪70年代以后，计算机、永磁材料等科学技术均得到发展，磁悬浮技术也得以飞速发展，在各个方面都有应用，如交通运输业、工业等。

3 超导推斥型指磁悬浮列车运行时，车上的线圈超导磁体就会通上电流，进而产生强磁场，地上线圈与之相切，车辆上超导磁体的磁场方向相反，这样一来，两个相同的磁场就会产生排斥力，当排斥力大于车辆重量时，车辆就浮起来了。

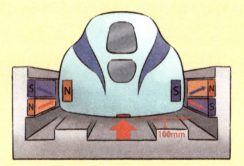

4 磁悬浮列车头部的电磁体N极被安装在靠前一点的轨道上的电磁体S极所吸引，同时又被安装在轨道上稍后一点的电磁体N极所排斥。列车前进时，线圈里流动的电流方向就反过来，即原来的S极变成N极，N极变成S极。循环交替，列车就会向前奔驰。

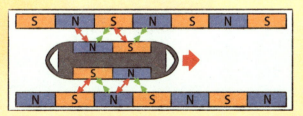

磁悬浮发明之后

磁悬浮技术发明以后，各个国家都开始研究这项技术。起初，德国、美国、日本等一些发达国家为了提高本国交通运输能力，开始研究磁悬浮列车。21世纪，人们开始研究磁悬浮轴承，由于它具有无接触、无摩擦、寿命长、无须润滑等优点，吸引了各国科学家的关注，后来人们据此制造出透平机、膨胀机、压缩机等。

我国应用磁悬浮技术比较晚，但在磁悬浮列车上的研究取得了显著的成就，例如在上海浦东龙阳路和浦东国际机场之间建设了一条商业运营的高架磁悬浮专线。随着科技的进步，相信在未来磁悬浮技术的应用会越来越广泛。

交通运输

磁悬浮在交通上的应用比较广泛，磁悬浮列车具有低噪声、高速度的优点。

工业领域

磁悬浮技术可以提高产品加工的精度，提高产品质量。

磁悬浮的用途

医疗领域

通过磁悬浮技术能制造出磁悬浮手术机器人，提高手术的精度和安全性。

能源方面

利用磁悬浮技术制作的磁浮式风力发电机能将风能转化为电能供人类使用。

知识爆料馆

乘坐感受 坐在磁悬浮列车上，乘客能够欣赏窗外美丽的风景，令人心情愉悦。但是，减速玻璃与车体接触的边缘处有弧度变形，这会让窗外的风景变形，影响乘客的观感。当磁悬浮列车快速行驶时，乘客可能会有耳鸣、心慌、心悸等不适的反应。

什么是减速玻璃？ 正确的叫法是安全玻璃，是一种钢化夹层玻璃，由两层钢化玻璃中间夹一层PVB胶片制成。这种玻璃受外力损坏时，玻璃碎片仍然粘在胶片上，而不会飞出给车上乘员造成二次伤害。

优缺点 任何设备都有优点和缺点，对于磁悬浮列车而言，它的优点是速度快，耗费的能量少，能爬坡，拐弯适应能力强，噪声小，维修少；缺点是由于磁悬浮列车没有轮子，所以一旦停电，发生摩擦的话非常危险，且救援起来也很困难。除此之外，磁悬浮列车的制动能力比较差。

长沙磁浮快线 2016年，长沙磁浮快线开通试运营，它是我国第一条具有完全自主知识产权的中低速磁悬浮商业运营示范线，同时也是世界上最长的中低速磁浮运营线。

三大部分 磁悬浮列车由三部分组成，分别是悬浮系统、推进系统和导向系统，基本上每部分都依靠磁力来运转。

太阳能发电

太阳能发电的发明

发明时间：1954年

发 明 者：美国贝尔实验室

发明内容：将太阳能转化为人类所用的电

太阳能发电产生的电能可以转化为生活、工业等所需要的电，这种方式不会对环境产生污染，而且是取之不尽，用之不竭的，那你知道太阳能发电发明前人们用什么发电吗？大家一定很好奇吧，让我们一起了解一下吧！

太阳能发电发明之前

人类利用燃烧煤、石油等方式来获得电能，这种方式已经持续了100多年，但燃烧煤、石油等会释放大量污染环境的物质，而且这些资源是有限的，因此人们致力于寻找无污染、可持续的发电方式。

太阳能发电是怎样发明的

关于太阳能的利用，很久之前就已经有人利用凸透镜聚集太阳光取火了，还有人聚集太阳能来烧饭。太阳能蕴含的巨大能量、无穷尽的资源吸引了很多科学家的注意。早在1839年，法国科学家贝克雷尔就发现了"光生伏特效应"，简称"光伏效应"，就是光照能够使得半导体材料的不同部位之间产生电位差。

1954年，美国贝尔实验室首次制成了实用的单晶硅太阳能电池，诞生了将太阳光能转换为电能的实用光伏发电技术。

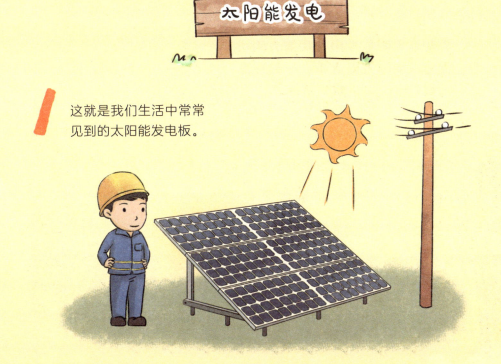

这就是我们生活中常常见到的太阳能发电板。

2 太阳能电池是由半导体组成的，光线照射下，正极电会聚集到P型，负极电会聚集到N型，将白炽灯的正负两极与P型、N型相连，白炽灯就会发光。

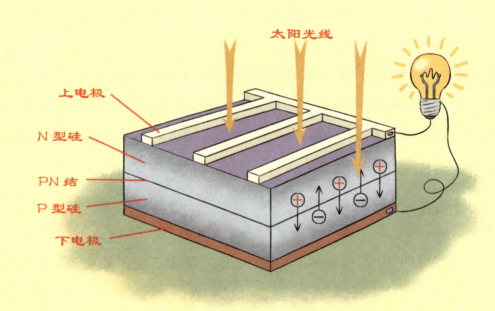

太阳光线

上电极

N 型硅

PN 结

P 型硅

下电极

要想让太阳能发电发挥最大的功效，需要从两个方面入手，一是提高光电转换效率；二是降低成本。

单晶硅太阳能电池的研制成功是太阳能发电发展史上的里程碑。如今，太阳能电池的基本结构和机理都没有发生改变。

太阳能发电发明之后

太阳能发电出现后，经过人们多年的开发，其应用范围越来越广泛，如今已经成为新世纪全世界利用的主要能源之一。

随着时代的进步、技术的发展，人们不仅能直接将太阳能转化为电能，还发明出太阳能热发电，就是先将太阳能转化为热能，再把热能转化成电能，增加了太阳能的利用方式。

太阳能发电不需要燃烧煤、石油等化学燃料，不会产生污染物，在保护环境方面具有重要意义，同时还能缓解能源危机；太阳能发电的出现需要更多的技术人员，直接增加了就业机会，推动了经济发展；对于距电网较远的偏远地区来说，太阳能发电为他们提供了电，改善了人们的生活。

相信在未来，人们会克服成本高、天气影响等因素，让太阳能发电成为主流发电方式。

太阳能发电的用途

日常生活
太阳能发电可供电视机、电脑、冰箱等用电。

工业
太阳能为海水淡化设备供电。

交通领域
太阳能蓄电池板白天能储存太阳能，晚上为路灯、航标灯等供电。

知识爆料馆

新能源　指除传统能源之外的各种形式的能源，一般是可再生能源。太阳能是一种新能源，除了太阳能，还有地热能、海洋能、风能、生物质能、核聚变能等。

太阳能发电面临的问题　太阳能具有分散性，能流密度很低；太阳能很容易受到昼夜、季节、海拔高度等条件的限制，所以到达地面的太阳辐射量是不稳定的，这为太阳能发电的大规模应用增加了很大难度；太阳能发电的成本比较高，在大幅度降低成本之前很难大规模使用；太阳能电池的寿命是有限的，而换下来的太阳能电池很难被大自然分解，进而污染环境。

太阳能灯　太阳能路灯利用的是太阳能，安装这种路灯无须开沟埋线，也不消耗常规电能，只要该地区阳光充足即可，如今被广泛应用在道路两旁、草坪处等。对于一些交通不便、常规燃料极度缺乏的地区来说，只要太阳光足够，就能解决他们的用电问题。

未来太阳能发电卫星　科学家不断地研究着太阳能发电更高效的方式，设想着制造出一个太阳能发电卫星静止在距离地面3.5万千米的高空，源源不断地为地面上的城市供电。这种输电方式清洁、安全，不受恶劣天气和时间的影响。

神奇创造力
改变世界的伟大发明

小小发明家

陈靖轩◎主编

黑龙江科学技术出版社
HEILONGJIANG SCIENCE AND TECHNOLOGY PRESS

图书在版编目（ＣＩＰ）数据

神奇创造力：改变世界的伟大发明．小小发明家 / 陈靖轩主编． -- 哈尔滨：黑龙江科学技术出版社，2024.5

ISBN 978-7-5719-2377-8

Ⅰ．①神… Ⅱ．①陈… Ⅲ．①创造发明—少儿读物 Ⅳ．① N19-49

中国国家版本馆 CIP 数据核字（2024）第 080545 号

神奇创造力：改变世界的伟大发明．小小发明家
SHENQI CHUANGZAOLI : GAIBIAN SHIJIE DE WEIDA FAMING . XIAO XIAO FAMINGJIA

陈靖轩　主编

项目总监　薛方闻
责任编辑　赵雪莹
插　　画　上上设计
排　　版　文贤阁
出　　版　黑龙江科学技术出版社
　　　　　地址：哈尔滨市南岗区公安街 70-2 号　邮编：150007
　　　　　电话：（0451）53642106　传真：（0451）53642143
　　　　　网址：www.1kcbs.cn
发　　行　全国新华书店
印　　刷　天津泰宇印务有限公司
开　　本　710 ㎜×1000 ㎜ 1/16
印　　张　4
字　　数　48 千字
版　　次　2024 年 5 月第 1 版
印　　次　2024 年 5 月第 1 次印刷
书　　号　ISBN 978-7-5719-2377-8
定　　价　128.00 元（全 6 册）

前言

嗨，亲爱的小读者，你好，欢迎阅读这套为你精心打造的科普图书。

本套书分为6册，精选了72个影响深远的创造发明。图书运用活泼有趣的图文形式，深入浅出地讲述了人类为什么创造这些发明，它们是如何被发明的以及原理是什么，对人类产生了怎样的影响等内容。

另外，本套书还介绍了发明创造的思维方法，通过具体的发明讲解，使我们了解和掌握这些思维方法，让我们也能像发明家那样思考。

每一项发明都代表着人类文明的进步。让我们穿越时空，纵览中华文明的进步史；让我们环游世界，探索那些改变世界进程的科技发明；让我们打开脑洞，感受我们身边那些有趣的发明。

嘿嘿，发挥好奇心，动手搞发明，没准你就能成为一名小小发明家呢！

好，现在出发，让我们开启一段发明与创造的探索之旅吧！

目录

学会模仿，不拘泥于模仿

潜水艇的
发明

发明实例： 潜水艇

创新思维： 模仿创新

机制原理： 将鱼通过鱼鳔实现上浮下沉的
原理运用到了船舶上

许多发明都是通过模仿自然界中的动植物而实现的，"师法自然"说的就是这个道理。科学技术上的发明很多都是直接模仿动物而来的，比如潜水艇的发明就是如此。下面，让我们看看潜水艇是如何被发明出来的吧。

潜水艇发明之前

"如果能像鱼一样在水中自由地游来游去，那该多好啊！"潜水艇的发明就是从人们这个单纯的想法中产生的。当时人们建造的船都只能漂浮在水面上，即使可以潜水的船只也只能维持很短的时间，人们不甘心于此。

潜水艇是怎样发明的

　　鱼能自由地在水中游动，既能上浮，也能深潜。这是为什么呢？因为鱼的体内有一个像气球似的白色东西——鱼鳔。鱼鳔里面是空气，鱼在上浮的时候，鱼鳔膨胀；下沉时，鱼鳔收缩。鱼鳔通过膨胀与收缩而增大或减小鱼排开水的体积，改变自身所受到的浮力，从而控制身体上浮或下沉。

　　1775年北美独立战争爆发，为了战胜强大的英国皇家海

潜水艇的原理

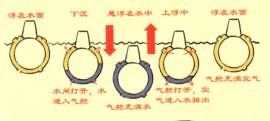

浮在水面　下沉　悬浮在水中　上浮中　浮在水面

水闸打开，水　　　　气舱打开，空　气舱充满空气
进入气舱　　　　　气进入水排出
　　气舱充满水

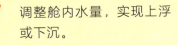

调整舱内水量，实现上浮或下沉。

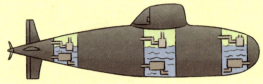

2 调整前后各水舱水量，能让潜艇保持平衡。

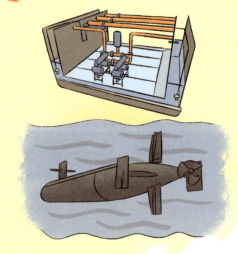

通过模仿鱼的浮沉原理，运用科学方法潜心研制，从而成功地发明了潜水艇。

军，充满激情的美国爱国者大卫·布什内尔决心发明一种秘密武器。他在前人研究的基础上，发明了具有军事用途的潜水器。

如何才能像鱼那样在水中上浮和下潜呢？

首先当然要改变艇的密度。布什内尔设计的潜水器带有压载水舱。当想要艇下潜时，往水箱内灌水；当想要上浮时，就把水箱的水排出，从而通过调整水箱内水的多少来改变艇的密度，改变潜水器自身所受到的浮力，实现上浮或下潜。后来，为了更好地控制潜水时的平衡问题，潜水艇的外形设计也借鉴了鱼类的外形构造。

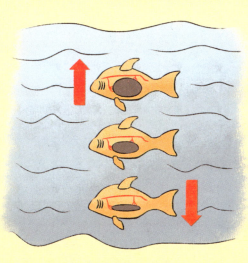

鱼的上浮和下潜

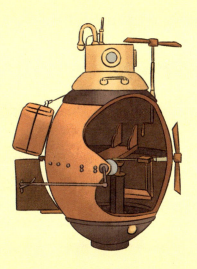

布什内尔发明的潜水器

潜水艇发明之后

潜水艇，又称为潜舰、潜艇、潜水船。

作为能够在水下运行的舰艇，它有着普通船舶所无法比拟的特性。它能潜入水中进行隐蔽活动，还有较大的自给力、续航力，可远离基地，能够长时间在较大的海洋区域内活动。

它的种类繁多，形制各异，从一两人操作、可以潜航一两个小时的小型潜水艇，到可装载数百人、连续潜航3~6个月的核潜艇，还有能下潜到数千米水下工作的深潜器。

潜水艇的配套设备多样，技术要求高，能够完成水下打捞、勘探开采、科学侦测、海底设备维修、水下旅游观光、学术调查等多种多样的水下任务。

海底电缆维修

无须把海底电缆吊出水面，便可直接修复受损的海底线路。

武器装备

可用于攻击敌人军舰或潜艇、近岸保护、侦察和掩饰特种部队行动等。

潜水艇的用途

水下旅游观光

带着游客像鱼一样潜入水中游览观光。

勘探开采

可以直接进行海底作业，采集样品，甚至操控勘探设备进行钻探作业。

科学侦测

可潜入未知的深海底层进行生物采样、现场环境检测等。

知识爆料馆

模仿是基础　古今中外，许多有成就的人物都曾经从模仿中受益，然后在模仿的基础上进行创新。

模仿是一个深度学习的过程，通过模仿了解事物的运作机制和原理，掌握事物之间的联系，从而为创新发明打下知识基础。

潜水艇是对鱼的模仿，模仿的是鱼控制浮沉的机制和原理，并将其创新地应用到潜水艇的制造上。

"邪恶的海盗船"　　潜水艇的想法最早可追溯到15～16世纪的列昂纳多·达·芬奇。他曾构思"可以在水下航行的船"，但这种能力向来被视为"邪恶的"，所以他没有画出设计图。直至第一次世界大战前夕，潜水艇仍被当成"非绅士风度"的武器，其艇员如果被俘，可能被以海盗论处。

"机械鹦鹉螺号"　　1800年，美国人罗伯特·富尔顿为法国人建造了一艘潜水艇"机械鹦鹉螺号"，并在法国的塞纳河下水。这艘潜水艇长6.5米，宽2米，全部用木头制成，带有桅杆和帆布，可在水面航行。水箱充满水后会潜入水中，然后用手摇螺旋桨推动前行。

观察细节，小处不放过

方便面的发明

发明实例： 方便面

创新思维： 观察细节

机制原理： 利用高温处理和烘干技术使得面条可以长期保存

发明往往源于对日常生活细节的敏锐观察和深入思考。一些伟大的发明家和创新者就是通过仔细观察生活中的点滴细节，从而实现了惊人的创新，方便面的发明就是一个典型的例子。那么它是如何与对生活的细致观察结合起来的呢？我们一起来看看吧。

方便面发明之前

在方便面发明之前，人们想要吃面条，只能自己动手制作、烹饪或者到饭馆点餐，这些方式都费时费力。于是，一些人开始思考，如何才能让人们随时随地都能享受到美味可口的面条。

方便面是怎样发明的

1957年冬天，日本人安藤百福发明了一种热水冲泡后即可食用的面条。安藤最初是想在冬天能够快速吃上热腾腾的面条，可是面条很容易变味、变质，他实验了好多次还是不成功。他毫不气馁，继续苦心研究，甚至连做梦也在加水、和面、压皮……

直到有一天，安藤的太太给他做了油炸拌面，他吃着面，忽然有了灵感，猛然领悟到做面的新方法：油炸！如果将调过味的面条进行油炸，水分就会蒸发，这样就可以长期保存了。

方便面的制作流程

和面并调味
将面粉、水按照一定的比例倒入和面机中搅拌均匀。加入适量的盐和碱调节面团的韧性和弹性。

2 制作面条
把面压成面皮并拉成粗细均匀的面条。

3 蒸面
将堆叠在一起的面条放入蒸箱蒸熟。

4 油炸
将面饼放入油锅中油炸脱水。

5 包装
将经过烘干的面条放入包装袋内。包装过程中通常会加入调味料、酱料和干菜等配料，以增加风味。

方便面是一种快餐食品，它通常由面条、调味包和配料组成，可以长时间保存。

另外，面条经过油炸之后表面会有许多小孔洞，再经热水一泡，吸收水分之后就还原出了味道不逊于现做的面条。

不久之后，安藤百福采用当时流行的调料包方式，通过预调的调料包和制作的鸡汤浓缩物来达到提鲜入味的效果。方便面就这样诞生了，一投入市场便受到了广泛好评。

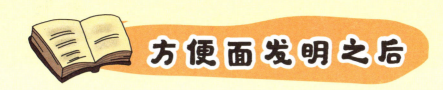

方便面发明之后

　　方便面不仅方便快捷，而且口感和营养也非常不错，出现之后便迅速在日本市场上流行起来。后来，安藤百福成立了日清食品公司，还升级出了碗装、桶装以及多种口味的方便面，公司所产的"即食拉面"迅速风靡了世界。

　　方便面的发明改变了人们的生活方式，无论是早上赶时间还是晚上加班，只需要用热水冲泡一下，就可以享受到美味可口的面条。这种方便、快捷的食品已成为人们生活中不可或缺的一部分。

快速充饥

可以快速解决饥饿问题，尤其是在没有其他食物的情况下。

补充热量

方便面中含有较多糖类，能为人体补充热量，产生饱腹感。

方便面的用途

满足不同口味的偏好

有许多不同的口味可供选择，包括辣味、酸菜味、牛肉味等。

适合旅行

可以将其放在行李包中，随时随地享用。

锻炼观察力　在发明的过程中，观察力是极为重要的，细微的观察能够使我们注意到事物最微小的变化，迅速捕捉到其特征。在这样的观察之下，我们便能够得到足够的启发，根据已有的知识展开想象的翅膀，从而寻找出创新性的解决方法。

鸡汁调料　安藤百福不仅凭借着敏锐的观察想到了制作方便面的诀窍，还为早期的方便面制作出了鸡汁调料。安藤的儿子不爱吃鸡肉，但有一次他看到儿子津津有味地吃着鸡汤里的面条，于是决定用鸡汁来做调料。

防溺救生衣　防溺救生衣是美国工程师詹姆斯·霍尔发明的。詹姆斯·霍尔观察到许多人在游泳时会出现意外溺水的现象，他还注意到，孩子们在玩水时通常会带着气球。于是，他便想到将气球的原理应用到救生衣上。后来，他发明了一种可以自动充气膨胀，为溺水者提供浮力的救生衣。

夜视镜　夜视镜是约翰·霍普金斯大学的一名研究生发明的。当时，美军在夜间行动时常常会遇到视觉障碍。他观察到，许多动物在夜间可以清晰地看到周围的事物，因为它们具有独特的视觉系统。于是，他使用光电管和放大器来增强黑暗环境中的光线，从而发明了夜视镜。

空杯心态，打破惯性

莫尔斯电码的发明

发明实例：莫尔斯电码

创新思维：空杯心态

机制原理：通过电信号的通断变化来传递信息

"空杯心态"是一种学习心态，即我们应该不断清空自己的知识和经验，把自己想象成"一个空着的杯子"，以便不断学习新的东西。这种心态当然也适用于发明创新，莫尔斯电码的发明就是一个鲜活的例子。莫尔斯电码的发明者莫尔斯在创造这个发明之前几乎对电一窍不通，那么他是如何实现这一伟大创新的呢？

莫尔斯电码发明之前

在古代，人们使用口信、信鸽、烟火信号、驿站等方法来传递信息，但是这些方法都有其局限性，比如口信可能会被误解或者遗忘，信鸽和烟火信号则需要特定的条件和技能，驿站传消息又太慢。

莫尔斯电码是怎样发明的

莫尔斯本来是一位画家，对电几乎一窍不通，但他对许多绘画之外的知识都保持着一种谦逊好学的"空杯心态"，而画家的想象力又能帮助他打破一些惯性思维，所以他常常提出与众不同的见解。有一天，莫尔斯看到有人正在表演魔术，只见魔术师拿出一根有铜丝缠绕的铁棒，将铜丝通电后，便一下子将桌子上的铁钉吸了起来。等到断电之后，铁钉又纷纷落了下来。莫尔斯经

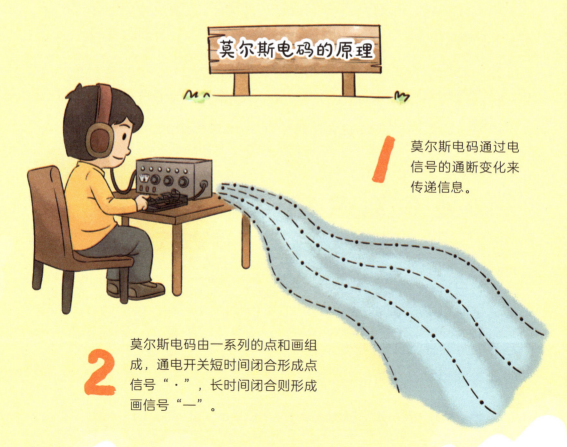

莫尔斯电码的原理

1 莫尔斯电码通过电信号的通断变化来传递信息。

2 莫尔斯电码由一系列的点和画组成，通电开关短时间闭合形成点信号"·"，长时间闭合则形成画信号"—"。

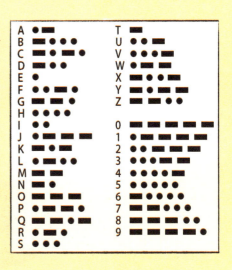

莫尔斯电码是一种通过电信号传递信息的方式，虽然已经被现代通信技术取代，但在某些特殊情况下，仍然是一种非常有效的通信手段。

过了解，得知原来这就是"电磁感应"现象，铜丝通电之后产生了磁性。于是，莫尔斯想到：能不能利用电磁一断一合的现象，让它在纸上"写"出一种符号以此来传递信息呢？

这个看似荒诞的想法，让莫尔斯这个门外汉为此付出了长达4年的艰苦研究，最终发明了人类历史上第一个电报系统。

3 莫尔斯电码符号通过不同的组合和排列来表示字母表上的26个英文字母和一些数字、标点符号，人们可以利用电码符号来传递各种不同的信息。例如用一点一画来表示英文字母"A"，用5个点表示阿拉伯数字"5"。

这么快，电报会翻筋斗啊！

4 还需要遵循一些其他的规则，如不能使相同的符号太靠近、符号之间需要有一定的间隔等。

莫尔斯电码发明之后

电报的发明，开启了人们利用电磁波传递信息的新篇章，不仅使信息的传递速度大大提高，而且传递的信息量也大大增加。电报的出现，使得人们可以随时随地获取来自世界各地的新闻、消息和情报，从而极大地促进了人类社会的发展。

在此之后，人们继续探索利用电磁波传递信息的新方式，最终在1895年，马可尼成功地实现了利用电磁波进行无线通信。此后，随着电子技术的发展，人们可以更加高效、准确地传递信息，从而进入了现代通信时代。

今天，虽然通信技术已经取得了巨大的进步，但是电报的发明仍然是人类通信史上的一座重要里程碑。

军事通信

通过使用密码，可以确保电报信息不被敌方破译。

传输文件

电报可以用来传输文件，如合同、声明、指令等。

莫尔斯电码的用途

广播

将电报信号发送到广播电台，转换为声音信号并播放给广大听众。

紧急通信

在某些紧急情况下，如地震、火灾、水灾等，通信线路可能被损坏或中断，此时电报可以作为一种备用通信方式。

教育

在教育领域，电报可以作为一种教学工具，演示电磁波的原理和应用。

　　"空杯心态"鼓励我们克服自满，不断追求新知识，使我们意识到，每个人都有自己的局限性和认知盲点。只有通过不断学习，才能克服执念，拓宽视野，提高自己的能力，接受新的观点和想法。

　　"空杯心态"使我们避免陷入思维定式，能够更好地发现并解决问题。这对于发明者来说至关重要。这种谦逊的态度能够使我们更加乐意接受他人的建议和帮助，从而能够更快地成长和进步。许多伟大的发明家和创造者都具有"空杯心态"。

　　爱迪生发明电灯　托马斯·爱迪生在发明电灯之前失败了上千次，但他始终保持开放进取的心态，不断探索和实验，最终成功发明了电灯。

　　特斯拉发明交流电　特斯拉在发明交流电时，抛开自己对于电力的传统观念，以一种全新的视角去思考和探索电力的应用。他进一步改进了发电机的设计，并在1882年建造了第一座交流电发电站。他的发明使得远距离输电成为可能，从而开启了电力工业的新篇章。

　　乔布斯创立"苹果"　乔布斯在创立苹果公司时也具有强烈的"空杯心态"，不断打破过去的电脑设计理念。公司最初的产品是个人电脑，其第一款个人电脑"苹果I代"被广泛认为是世界上最早的个人电脑之一。

生活启示，灵感激发

魔术贴的
发明

发明实例： 魔术贴

创新思维： 生活启示

机制原理： 通过毛发的钩挂来实现紧密的
连接

日常生活中充满了各种发明，这些发明改变了我们的生活方式，使我们的生活变得更加便利、高效、舒适。而这些发明的灵感往往来源于生活，如今我们随处可见的魔术贴就是一个明证。那么，魔术贴究竟是来自一个怎样的发明机缘呢？我们一起来看一下吧。

魔术贴发明之前

在魔术贴发明之前，人们使用各种方法来固定物品，例如纽扣、针线、别针等。这些方法都有一定的局限性，例如纽扣容易掉落、针线容易断、别针容易生锈等等，而且操作起来有时候不太方便。

魔术贴是怎样发明的

魔术贴的发明可以追溯到1941年，发明者是当时瑞士的工程师乔治·德·麦斯特勒。这个发明来自生活中的一个偶然启示。一天，乔治带着他心爱的狗出去散步，路过一片草地，他便放开狗链子，和小家伙一起在草地上玩耍起来。晚上回家的时候，他发现一些针尾草紧紧地粘在了自己的裤脚上，费了好一会儿时间才一个一个揪下来。

针尾草

魔术贴的原理

1 魔术贴的一面是钩状的硬毛绒，牢固地附着在物体表面。

2 另一面是细密的柔软绒面。这两种材料可以实现快速黏合和分离。

3 **接合魔术贴**
将具有细密绒面的物体对准已镶嵌硬毛绒的物体，并加以按压。钩状硬毛绒插入细密绒面中，二者形成紧密的粘合。

4 **分离魔术贴**
如果需要分离连接的物体，只需从一端开始逐渐分离两个物体，钩状硬毛绒将从细密绒面中脱离，从而解开整个魔术贴。

魔术贴由一面柔软的绒面和一面钩状硬毛面组成，相对贴合时会形成粘附力，从而起到固定作用，可以反复使用。

"为什么能粘得这么紧呢？"乔治带着疑问拿过显微镜，透过显微镜，他发现针尾草的叶子上面长满了钩状结构，而这种结构和裤子布料上的绒毛可以粘在一起。于是经过多次研制和试验，他发明了一种可重复使用的粘扣。这种粘扣分为独立的两部分，一部分上有密密的细小柔软的纤维钩，另一部分上有许多小线圈。当小钩子穿过线圈时，小钩子会钩住线圈，从而形成一个结，而且它们可以重复使用。这些粘扣的相互作用力非常强大，可以轻松地让物品呈现紧密结合的状态。

魔术贴发明之后

　　魔术贴的发明为固定物品提供了一个更加方便和实用的解决方案。魔术贴在各种领域都有广泛的应用，例如鞋子、衣服、背包、医疗用品等。它已经成为现代工业和日常生活中不可或缺的一部分，为人们的生活和工作带来了很大的便利。

　　然而，魔术贴也存在一些缺点，例如其连接力会随着时间和使用次数的增加而逐渐减弱，而且不适用于需要高强度的连接场合。此外，魔术贴难以降解，存在着环境污染的问题。如今，一些新的魔术贴产品已经开始采用环保材料和新型生产工艺，以减少对环境的影响。同时，随着智能技术的不断发展，魔术贴也可能会与传感器和其他智能技术相结合，实现智能化的应用。

服饰鞋帽

取代了传统的钮扣和拉链，许多运动鞋、儿童鞋和休闲鞋都采用了魔术贴设计。

医疗和健康

用于固定绷带、吊带、矫正器以及其他医疗装置，既能调节松紧，又能适应不同的尺寸和需求。

体育和户外用品

运动护具，如膝盖和肘关节护具，户外器材，如帐篷和背包，都可通过魔术贴进行固定和调节。

魔术贴的用途

家居和家具

窗帘、遮光帘、坐垫和椅子套更容易更换和清洗。

汽车工业

用于固定座椅套、车厢内饰件和防滑垫，易于安装和拆卸。

　　魔术贴的发明启示我们，当遇到问题时，应该深入思考，从生活中寻找答案。生活是灵感的无限宝库，从生活的点滴出发，去寻找灵感，去创新，这是发明的源泉。我们每天都在经历着各种各样的事情，每一个瞬间都可能激发出我们创新的火花。

　　除了魔术贴之外，我们的生活中还有许多来自生活启示的发明。

　　雨伞的发明　据说，雨伞的发明者是中国的鲁班。鲁班在路边设计制造了一些亭子供人们避雨。可是躲在亭中避雨耽误时间，如果突遇下雨路边又没有亭子，人们只能挨淋。要是有一个能随身携带的"亭子"就好了。鲁班经过研究，最终发明了雨伞。

　　干洗剂的发明　干洗剂是由一个叫乔治·贝朗的年轻人发明的。他原本是个洗衣工，有一天，在工作的时候，他一不小心碰翻了桌子上的煤油灯，弄脏了贵妇人的衣服。这可把他吓坏了，他需要免费做工一年才够赔偿那件衣服。后来，他发现滴上煤油的地方不但没脏，原先的污渍也消失了。这一下，他可来了兴趣，经过反复的实验，最后研制出了干洗剂，这个年轻人也因此发了大财。

博览群书，厚积薄发

避雷针的发明

发明实例： 避雷针

创新思维： 厚积薄发

机制原理： 利用金属疏导雷电到大地上

厚积薄发，是一个汉语成语，形容只有准备充分才能办好事情。这种思想源于中国古代的兵法，意思是在战斗前充分准备，等到敌人松懈时再出击。在现代社会，厚积薄发的思路也应用在了发明创新上。现在我们就通过避雷针的发明过程来了解一下其中的奥妙吧。

避雷针发明之前

雷电，作为自然界中极为普遍的一种自然现象，古人很早的时候就已经对其有了深入的思考。在中国古代一些高层建筑上已经出现了雷公柱、镇龙、葫芦串等避雷设施，但这些设施对规避雷击的作用很有限。

避雷针是怎样发明的

　　避雷针是由本杰明·富兰克林发明的。富兰克林从小家境贫寒，12岁起就在印刷所当学徒、帮工，但他刻苦好学，在掌握印刷技术之余，还广泛阅读文学、历史、哲学方面的著作，自学了数学和4门外语，甚至还潜心练习写作，这为他在一生中取得多方面的成就打下了坚实的基础。任何一位科学家的成就，都与他们勤奋学习，从而积累下丰富的知识有关。

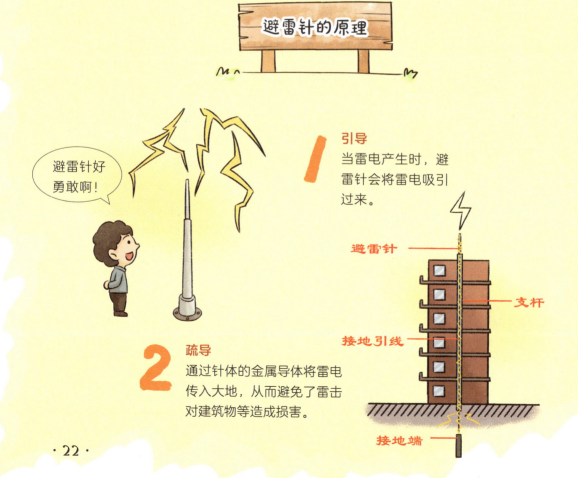

避雷针的原理

避雷针好勇敢啊！

1 引导
当雷电产生时，避雷针会将雷电吸引过来。

2 疏导
通过针体的金属导体将雷电传入大地，从而避免了雷击对建筑物等造成损害。

避雷针

支杆

接地引线

接地端

富兰克林对于电学也有着深刻的理解，并且研究过雷暴现象。他首先观察到，天空中的闪电噼里啪啦作响，看起来与电格外相似。他推断，如果能利用金属的导电属性捉住闪电，将其导入地下，就可以消除雷电释放而造成的危险。

于是，在1752年一个夏天的晚上，富兰克林进行了一项勇敢的实验。他在美国费城的一所教堂附近竖立了一个高高的金属杆，杆子的底部则深埋在地下。当一个雷云接近时，电荷通过金属杆排放到地下，避免了释放到建筑物上。这就是现代避雷针的雏形。

3 高度

避雷针的高度越高，其保护范围就越大，因为高处的避雷针更容易吸引到雷电。但是，避雷针也不能无限升高，因为太高可能被闪电直接击中，所以需要根据实际情况进行合理的设计。

避雷针也不能太高哦！

还有这样的形状哟！

4 避雷针的形状

避雷针除了尖锥形之外，还有金字塔形，因为这种形状可以更好地将电流导入大地。

避雷针发明之后

avoid避雷针发明之后，有效地减少了建筑物遭受雷击的概率，保护了人类生命和财产的安全。

富兰克林的实验启发了其他科学家对避雷针的研究。18世纪末，法国科学家路易斯·罗伯特进一步发展了避雷针的技术，并设计出了现代避雷针。

随着科技的发展，避雷针的设计和材料也在不断改进和完善。现在，避雷针已经成为一种成熟的技术，被广泛应用于各种建筑和设施中，有效地保护了人们自身和财产的安全。

保护电气设备

雷电会引起高电压和电流，可能导致电气设备的损坏，避雷针则可避免此类危害。

保护建筑物

安装在建筑物顶部，能够将云层中的电荷引导到地下，避免雷电对建筑物造成破坏。

避雷针的用途

保护人身安全

保护人们免受雷电的伤害，降低雷击造成的人员伤亡风险。

促进对雷电的认识和研究

避雷针的使用使得人们可以更好地观察和研究雷电的规律和特点，从而推动了雷电科学的发展。

　　富兰克林之所以能够发明出来避雷针，与其在电学方面的知识积累有着很大的关系。发明者或创造者在某一时刻突然灵光一闪，产生了具有创新性和实用性的想法，进而形成产品。这种发明创造的背后往往有着漫长的准备和积累，包括对相关领域的知识和技能的掌握，以及对问题的深入研究和思考。

　　除了避雷针之外，许多科学发明都是厚积薄发的结果。

飞机的发明　　飞机是由莱特兄弟发明的，哥哥威尔伯·莱特和弟弟奥维尔·莱特经过多年的飞行试验和研究，终于在1903年12月17日成功地进行了世界上第一次有人驾驶的飞行，改变了人类的交通、经济、生产和日常生活。

核能的开发　　核能是原子核释放的能量，它可以作为一种能源。核能的研究涉及大量的科学知识和技术，包括核物理学、化学和工程学。核能现在被用于发电和研制核武器。

互联网的发明　　互联网的发明不是一蹴而就的，它的基础协议，如TCP/IP协议，是经过多年的研究和实验才得以实现的。

满足需求，线索引领

发明实例： 雨刷

创新思维： 需求引领

机制原理： 通过马达驱动机械手臂擦玻璃

雨刷的发明

　　随着社会的发展，人们对于各种物品的需求不断增加，推动了各种新发明和新技术的出现。这些新发明和新技术的应用，给人们的生活带来了便利，例如，汽车上安装的小小雨刷就是一个由需求创造出的发明。这是怎么回事呢？我们一起来看看吧。

雨刷发明之前

　　在雨刷发明之前，人们就对它有了强烈的需求。那个时候，人们通常使用扫帚、布或者海绵来擦拭汽车的挡风玻璃。这种方法不仅效率低下，而且效果也不尽如人意，在高速行驶时，更是难以派上用场。

雨刷是怎样发明的

19世纪末期，纽约一个颇具商业头脑的女士玛丽·安德森·奇普曼在旅行时遇到了一个困扰：当时她坐在电车上，窗外雪花纷飞，导致驾驶员无法清楚地看到前方道路，需要打开车窗用手擦拭玻璃。这一情景激发了她的奇思妙想，于是她开始思考如何不用开车窗就能够清洁车窗玻璃。

旅行结束后，玛丽便开始钻研并设计了一种清洗车窗的装置。她的设备原型是一个由橡胶和手动操作杠杆构成的装置，可以刮除车窗上的水滴和杂物。

雨刷的原理

1 电动马达驱动雨刷杆和雨刷臂。电动马达通常通过车辆电池供电。

2 **橡胶刮片**
雨刷臂上有一个橡胶刮片，它紧贴风挡玻璃，通过左右摆动来清除雨水和污垢。

3 **控制开关**
驾驶员通过开关来控制雨刷的开启和关闭，还可以调节雨刷的摆动速度。

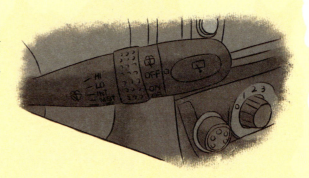

4 **定期清洁**
在汽车前挡风玻璃透明度下降的时候，我们需要在上面喷一些玻璃水，然后利用雨刷进行清洁，以还原一个明朗清晰的视野。

雨刷是一种用于清除汽车挡风玻璃上的雨水和灰尘的装置，对于保证驾驶安全具有至关重要的作用。

玛丽研制出雨刷后，申请了专利，并于1903年获得了美国专利权。这一发明被认为是现代雨刷的前身。

尽管玛丽·安德森·奇普曼获得了专利权，但她的发明并没有立即得到广泛应用。当时汽车不像现在这样普及，许多人对这一新型设备并不感兴趣。直到几年后，随着汽车的普及，人们对安全驾驶的要求也越来越高，才开始重视雨刷这一安全装置。

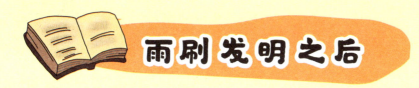

雨刷发明之后

雨刷的发明为驾驶员的安全提供了重要保障。随着科技的进步，自动雨刷出现了。自动雨刷使用传感器来检测雨滴的降落，然后通过电动机来驱动雨刷进行清洁，大大提高了驾驶汽车的便利性和安全性。随着传感器技术的不断改进，自动雨刷的敏感度也得到了提高。

近年来，车联网技术开始兴起，一些先进的车辆配备了智能雨刷系统，可以通过与其他车辆和交通设施的通信，根据周围环境和道路条件，实现更智能化和精确的雨刷控制，提供更符合实际情况的清洁效果。

另外，还有一些新兴的技术不断涌现。例如某些研究者正在探索利用超声波或激光来清除雨滴，从而实现无须直接接触玻璃的雨刷技术。这些创新技术有望提高雨刷的稳定性和效率。

清除雨水和雾气

在雨天，雨刷通过移动橡胶刮条来清除挡风玻璃上的雨水和雾气，提供安全的驾驶环境。

雨刷的用途

防止玻璃划伤

雨刷的橡胶刮条可以防止挡风玻璃被尖锐物体刮伤，延长挡风玻璃的使用寿命。

提供良好的视线

除了雨天，即使在晴天，挡风玻璃也会沾染灰尘、树叶、鸟粪等污垢，雨刷能将这些污垢清除，为驾驶员提供良好的视线。

知识爆料馆

需求是发明之母。这句话充分说明了需求对于发明创造的重要性。没有需求，就不会有发明。当遇到问题或困难时，人们会思考如何解决这些问题。这种思考激发了人们的创造力，从而推动了发明的产生。

需求也促进了技术的进步。为了满足人们的需求，科学家和工程师们不断地探索新的技术和方法。这些新技术和方法为发明创造提供了基础。

还有哪些来自需求的伟大发明？ 在人类历史上，许多重大的发明都是因为人们对于某种需求的渴望而产生的。例如，电话的发明是因为人们需要更加便捷地进行沟通；汽车的发明是因为人们需要更加快速地到达目的地；互联网的发明是因为人们需要更加便捷地获取信息和交流。

追求"智能" 现代社会中，随着科技的创新，人们的需求也在不断升级。例如，人们对于智能化的追求已经从单纯的物质层面扩展到了服务和体验层面。智能家居、智能健康、智能出行等领域的产品和服务，都是为了满足人们对于生活和工作的更高需求。

渴望"绿色" 人们对于环境保护和能源可持续利用的需求也在不断增加。这也促进了太阳能、风能等绿色可再生能源的应用，绿色能源已经逐渐成为现代能源体系的重要组成部分。

合理移植，激发想象

发明实例： 电视机

创新思维： 合理移植

机制原理： 利用电信号来传输图像和声音

移植发明法是将某个领域已知的实用技术或原理移植到其他领域，进而产生完全不同的发明的方法。移植法的核心在于寻找不同领域知识之间的相似性和关联性，并转化为实际应用的手段和方法。我们通过电视机的发明来具体地看一下吧。

电视机发明之前

电视机发明之前，人们主要通过收听广播和阅读报纸来获取信息。此外，在20世纪初电影院开始出现。在电视机发明之前，电影院是唯一能够提供大屏幕和高品质影像的娱乐场所。

电视机是怎样发明的

电视机依赖于这样一个事实：只要影像传送速度大于每秒15张，人脑就能够将一系列差异不大的静态影像转换成动态画面。当画面传送速度低于每秒15张时，动态画面看上去就会断断续续的。

1920年，俄罗斯科学家鲍里斯·罗津发明了第一台基于机械扫描的电视机，但它的分辨率和图像质量都很低。

1925年，英国工程师约翰·贝尔德将电子扫描技术移植到

电视机的原理

摄像机拍摄图像，将图像的光信号转化为电信号。电信号通过传输设备传输到电视台。电视台对电信号进行处理，将其转化为电视信号。

2 电视信号通过广播电视塔发射到空中。

电视机是一种接收和播放广播电视信号的娱乐设备，现在已经被广泛应用在家庭、学校、医院等各个领域。

电视机的制造上，这被认为是现代电视技术的起点。他成功地通过一条电缆将一个简单的图像传输到180米外的接收器上，这标志着电视技术的诞生。然而，直到1936年，英国工程师约翰·戈里森才进一步完善了电视技术，并成功地用它播出了世界上第一套电视节目。随着时间的推移，电视技术不断发展，电视逐渐普及全球，成为人们日常生活中不可或缺的电器之一。

3 电视机接收到电视信号后，会根据不同的视频格式进行解码，将信号转换为可供电视机显示的标准视频信号。图像处理电路还负责对声音信号的处理，将声音与图像信号同步。

4 通过液晶屏、有机发光二极管（OLED）或其他显示技术，在屏幕上展示图像。

电视机发明之后

电视机是人类社会中非常重要的发明之一，它改变了人们的生活方式和娱乐方式。自20世纪初期以来，电视机经历了许多改进，从黑白到彩色，从数字化到高清晰度，电视机的分辨率和图像质量都得到了极大的提高。

现在的电视机已经可以提供比传统电视机更真实的色彩，为观众带来更好的观影体验。在可预见的未来，电视机仍将继续在人们的生活中扮演重要的角色。

收看节目

观看电视节目、电影、纪录片、新闻等。

玩游戏

使用电视机玩游戏，包括传统的游戏和现代的电脑游戏。

电视机的用途

教育和宣传

大屏电视机在公共场合可以用于播放教育节目和一些宣传片。

商业用途

如展示产品、播放广告、进行视频会议等。

知识爆料馆

合理移植在发明创造中很常见，例如将机械原理应用于纺织领域，从而发明了珍妮纺织机；将化学工业中的催化原理应用于制糖工业，从而发明了蔗糖的合成方法。

移植发明法的关键在于寻找不同领域之间的相似性和共性，将已知的实用技术或原理应用于新的领域。这种方法的优点在于可以快速地解决其他领域的问题，并且可以产生一些意想不到的发明。

平板+电视　2000年，人们将平板显示技术移植到电视机上，使得电视机更加轻薄，并具有更好的视觉效果。

互联网+电视　现在的网络电视，也是一种将宽带网络移植到电视机上的发明，使得用户不再需要传统的有线电视线路，或者卫星天线来接收电视信号。用户只需要连接到互联网，就可以观看各种电视频道、点播节目、直播节目以及各种视频内容。用户可以随时随地观看自己感兴趣的节目，而且可以根据自己的喜好进行个性化设置。

还有哪些移植出来的发明？　有许多通过合理移植产生的发明，包括将昆虫的结构应用于小型飞行器的设计，以及将自然界中的生物原理应用于技术领域所产生的仿生学等。

发散思维，大胆联想

飞行器的发明

发明实例：达·芬奇的飞行器

创新思维：大胆联想

机制原理：基于对鸟类飞行以及空气动力学的联想和研究

联想是一种思维能力，通过联想，我们可以将不同的事物和信息相互联系起来，从而发现它们之间的潜在关系。这种联系有时会产生惊人的创新和发明。达·芬奇就是历史上极其善于联想的发明家。

在达·芬奇飞行器"发明"之前

自古以来，人类一直对空中飞翔充满着向往。许多古代文明都曾经尝试设计和制造飞行器，但是都没有成功。直到500多年前，达·芬奇提出相对成熟的飞行器概念。

达·芬奇的飞行器是怎样"发明"的

　　莱昂纳多·达·芬奇是文艺复兴时期最伟大的天才之一，他的兴趣十分广泛，涉及绘画、建筑、工程、数学等多个领域。他对于飞行也有着浓厚的兴趣，设计了许多飞行器，这些设计在当时是非常前卫和创新的。

　　达·芬奇设计的飞行器中最著名的是"鸟类飞行器"。这种飞行器试图模仿鸟类的飞行方式，通过扑动翅膀产生升力。

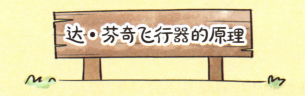

达·芬奇飞行器的原理

1 达·芬奇的飞行器翅膀采用了类似鸟翅膀的结构。翅膀由灵活的材料制成，通过类似于鸟类扑打翅膀的运动产生气流和升力。

2 达·芬奇设计的第二种飞行器被视为现代直升机的雏形。这种飞行器利用倾斜的桨叶实现飞行。桨叶旋转后产生的气流力量和向上的推力能让其飞行。

3 对于桨杆的位置，达·芬奇为了控制机器并避免发生意外而做了调整。桨杆被放到了旋翼的下方，增强了桨叶在飞行过程中的稳定性，从而使其更容易控制。

好坚固啊！

4 达·芬奇还为飞行器设计了降落伞。这个降落伞由一块大型的方形织物构成，织物的四角各系有一根长长的绳索，这些绳索可以控制降落伞的开合。

达·芬奇的飞行器是基于对鸟类飞行原理的联想而来，为后来的飞行器设计和航空技术的发展奠定了基础。

他的其他设计还包括使用旋转棒作为螺旋桨的飞行器，以及使用火药推进的飞行器。

虽然达·芬奇的设计在当时看起来非常不可思议，却是现代飞行器设计的先驱。他的"鸟类飞行器"设计影响了后来的扑翼机设计，而他的其他设计也启发了现代许多飞行器的设计制造。

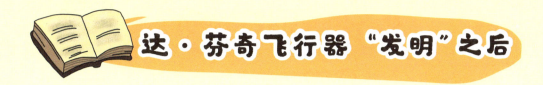

达·芬奇飞行器"发明"之后

达·芬奇的飞行器设计和其他一些科学发明为后来的飞行器发展提供了一些启发。他对飞行器领域的贡献主要体现在流体力学和空气动力学研究方面，对于旋翼设计和运作的探索和研究也取得了很多突破性的成果。

但是请注意，达·芬奇并没有发明飞行器，尽管他对飞行和机械方面有相当大的兴趣，也做了许多研究，但是他设计的是一些原创的飞行器草图，这些设计从未被实现。至少我们现在没有证据证明达·芬奇真的造出了这些飞行器。事实上，第一架成功飞行的飞行器是莱特兄弟在1903年发明的。

空气动力学研究

他的研究包括流线型机身的设计、翼型的选择以及升力和阻力的计算等方面。

设计创新

达·芬奇飞行器采用了扑翼结构，试图通过扇动翅膀来产生升力。

达·芬奇飞行器的意义

推动航空技术的发展

达·芬奇飞行器的发明推动了固定翼飞行器和直升机的发展。

机械设计

他设计的飞行器使用了复杂的联动机构和弹簧机构，为后来的飞行器机械系统提供了借鉴。

知识爆料馆

联想是人类大脑的一种思维方式，通过将不同的事物、概念和信息相互联系起来，从而产生新的想法。这种思维方式不仅需要我们具有丰富的知识储备和经验，还需要我们具备灵活的思维方式和敏锐的观察力。

从工业革命到现在的信息时代，每一次技术的飞跃和社会的进步都离不开联想和创造发明的推动。

达芬奇的联想力 达·芬奇是一位善于联想的天才人物。在科学方面，达·芬奇进行了大量的尸体解剖研究，深入探讨了人体的结构和功能，在解剖学和人体学方面做出了重要的贡献。达·芬奇还涉足工程学领域，有许多发明，包括可移动吊桥等。

锯子的发明 中国古代工匠鲁班由割破手的锯齿边茅草产生联想而发明了锯子，不仅提高了木材加工的效率，也减小了工人的劳动强度。

微波炉的发明 微波炉是美国工程师斯潘塞发明的。当他站在一个军用雷达设备附近时，他身上的巧克力棒突然开始融化。这个发现触发了斯潘塞的联想，他开始深入研究这个现象，并最终发现是雷达设备的电磁场导致了巧克力的融化。多次实验后，他的团队于1945年成功地发明了世界上第一台微波炉。

变换视角，不怕荒诞

大陆漂移的发现

发现实例：大陆漂移

创新思维：变换视角

发现内容：地球上的大陆是由一块大陆分裂漂移而成的

在日常生活中，我们习惯以静态的视角来看待事物，没有任何变化。但是，如果能够变换视角，就会发现很多有趣的事情，看到事物的不同方面，从而给我们带来更多的启发和灵感。下面，我们一起来了解神奇的大陆漂移，这可是从一次变换视角开始的哟。

大陆漂移发现之前

大陆漂移发现之前，人们认为，从地球诞生以来，大陆的位置和形状都是固定的，海洋在它们的周围流动。这个理论几乎没有人怀疑过，直到魏格纳从反向视角出发，为我们提供了一个看似荒诞实则合理的理论。

大陆漂移是怎么发现的

    大陆漂移是由德国气象学家魏格纳发现的。他认为地球上的大陆本是一块，后来因为地壳运动才逐渐漂移分开，像拼图一样覆盖在地球表面上，并且还在不停地运动。

    1910年的秋天，魏格纳生了一场病。这一天，他正躺在病床上，百无聊赖地盯着对面墙上的地图看。五个大陆分离着，好像也在与他对视。突然间，魏格纳像是被什么击中了一样。他发

大陆漂移的过程与证据

哇，是连在一起的！

1 地球上所有的大陆在中生代以前曾经是一个巨大陆地，称为泛大陆或联合古陆。高度吻合的海岸线成为支撑这一假说的证据之一。

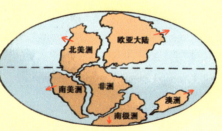

2 从中生代开始分裂并漂移，逐渐达到现在的位置。

大陆漂移说认为地球上的大陆是由一个庞大的超级大陆分裂而成的，最终形成了现在的分布格局。

现，在大西洋两岸，南美洲的巴西东端的突出部分与非洲凹进去的几内亚湾非常吻合，其他大陆之间也有类似的情况。他还注意到，许多大陆的地质构造和岩石类型非常相似。

基于这些观察，魏格纳提出了大陆漂移的假说。他认为地球上的大陆原本是连接在一起的，随着时间的推移，它们开始破裂、漂移，形成了现在的地球地壳构造。

3 一个依据是陆地边缘的岩层正好能够拼合在一起。

就好像撕破了的一张纸，拼合以后的文字的行列还能够一一对应。

古老地层 A

古老地层 B

海牛栖息在浅海，鸵鸟生活在陆地上，按理来说，它们都没有远涉大洋的能力。

4 另一个依据是海岸线分布的动物种类相似。

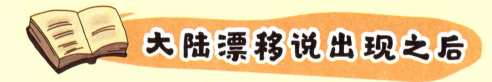

大陆漂移说出现之后

　　魏格纳提出大陆漂移说之后，当时的科学界对魏格纳的观点都持怀疑态度，因为没有足够的科学证据来支持这一假说。后来，通过地质学、地磁学、地球物理学以及地球化学等多学科的研究，科学家们发现了一系列证据可以支持大陆漂移理论。比如，海底地形的摄影测量和地震监测揭示了洋底的构造和板块运动；地磁场研究发现地球表面上存在多个磁极等。这些重要的证据最终促使科学界接受了大陆漂移理论，并将其与板块构造理论结合起来，形成了现代的地球科学理论体系。

　　魏格纳的大陆漂移说为后来的板块构造理论奠定了基础，并对地球科学的发展产生了重要的影响。

解释陆地的分布和位置

解释了大陆之间的相对位置和形状，还解释了地球上包括海洋里的其他地形特征。

阐释地球构造和演变

帮助我们了解地球的构造和演变过程，对我们认识地球的发展历史非常重要。

大陆漂移学说的影响

揭示地球板块运动

帮助科学家了解了地球板块的运动和相互作用，这对于地震学、火山学等非常重要。

解释气候变化

帮助科学家解释了地球的气候带和季节性变化。

知识爆料馆

"横看成岭侧成峰，远近高低各不同。"

变换视角是指从不同的角度或立场观察和理解事物，从而产生新的想法和解决方案。这种思考方式鼓励人们摆脱传统的思维定式，打破惯性思维的束缚，从而打开创新的大门。在创造发明中，变换视角可以帮助人们发现事物的潜在特征，挖掘出新的发现。

换个角度去看世界，就会另有一番新景。变换视角来留意和探究"日常小事"，有时也可引出新的发明。

隐形眼镜的发明　传统的眼镜需要将镜片扣在眼睛上，而隐形眼镜则是将镜片设计成与眼球形状相符合的圆形，从而能够将其贴在眼球上。这种设计使得隐形眼镜更加轻便，并且更易于佩戴。

数码相机　数码相机的发明源于我们对传统相机一些限制的反思。传统相机需要使用胶片来记录图像，这使得拍摄成本高昂，且无法即时查看拍摄效果。通过变换视角，科学家们开始思考如何将相机与电脑相结合，从而创造出数码相机。数码相机不仅可以即时查看拍摄效果，而且可以对拍摄的图像进行后期处理，提高了摄影的艺术性和实用性。

逆向思维，颠倒碰撞

留声机的发明

发明实例：留声机

创新思维：逆向思维

机制原理：将电话传声的原理反过来用

逆向思维，又称为反向思维，是一种独特的思考方式。它引导我们从传统的思维模式中跳出来，以相反的视角和逻辑去思考问题，从而找到新的解决方案。许多重要的发明都是通过逆向思维实现的。爱迪生发明的留声机就是将电话机的原理逆向应用的结果。

留声机发明之前

在留声机发明之前，人们想听到声音就必须处在发出声音的现场，人们想要保存声音只能靠口述或用乐谱把声音写下来，非常不方便，而且容易失真。随着工业革命的到来，人们对利用机械保存声音的兴趣越来越大。

留声机是怎样发明的

据说，爱迪生是个对音乐非常着迷的人。

有一次，在打电话的过程中，爱迪生突然想到，既然电话机里的膜板随着说话声会发生不同颤动，那么反过来，这种颤动也一定能发出原先的说话声音，那是不是就可以利用这个原理制作能够保存和播放声音的机器呢？

留声机的原理

振动膜

随声音变化的凹槽

支点

钢针

母盘

录音

歌手歌唱的时候，声波引起收录设备上的振动膜振动，从而撬动支点，引发钢针随着声音变化在母盘上刻出凹槽。

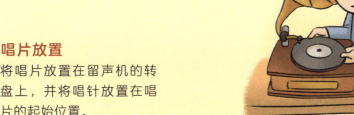

2 唱片放置

将唱片放置在留声机的转盘上，并将唱针放置在唱片的起始位置。

3 当转盘开始转动时，唱针随之在唱片上跟随着音轨的凹凸移动，将唱片上的声音信号转换为机械振动。

4 看到那个大喇叭了吗？通过这个共鸣和放大装置，可以产生更大的音量和更优美的声音。

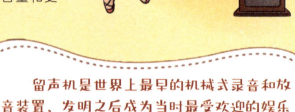

留声机是世界上最早的机械式录音和放音装置，发明之后成为当时最受欢迎的娱乐设备之一，今天则成了一种时尚的收藏品。

然而，爱迪生面临着一个问题，即如何记录这些声音信号。他尝试使用铁磁记录，但效果并不理想。最终，他找到了一种黏性材料，称之为"菲尔贝特"，它的黏性足以记录下声音的振动信息。

1877年，爱迪生终于成功地制作出第一台留声机。这台留声机是手动操作的，将唱针放在菲尔贝特上，然后通过一个手摇曲柄来驱动唱片旋转，就可以播放录制的声音。爱迪生的发明引起了巨大的轰动和关注，并成为当时的一个突破性创新。

留声机发明之后

虽然爱迪生的留声机在当时非常先进，但它并不完美。它需要手动操作，菲尔贝特也并不坚固耐用。但这台留声机为后来出现的唱机和其他音频设备奠定了基础。20世纪50年代，随着立体声技术的发展，留声机也变得更加立体化。同时，随着唱片的不断改进，音质也变得越来越好。

爱迪生发明留声机的故事是科技创新历史上的重要一页，它不仅改变了人们对音乐的感知方式，也为后来的音频设备和音乐产业的发展做出了巨大贡献。

现在，留声机已经成为收藏品。很多人喜欢收集古老的留声机，留声机也成为家居装饰的热门选择。

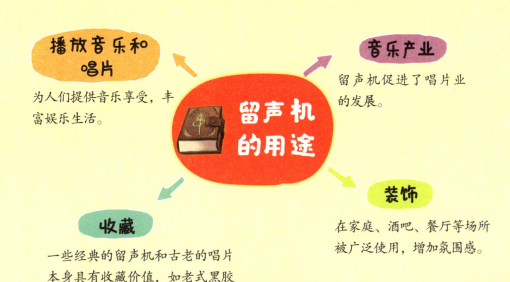

播放音乐和唱片
为人们提供音乐享受，丰富娱乐生活。

音乐产业
留声机促进了唱片业的发展。

留声机的用途

收藏
一些经典的留声机和古老的唱片本身具有收藏价值，如老式黑胶唱片机已成为收藏家们的珍品。

装饰
在家庭、酒吧、餐厅等场所被广泛使用，增加氛围感。

知识爆料馆

　　逆向思维是一种独特的思维方式。在传统的思维方式中，人们通常会从问题的正面入手，寻找解决方案。而逆向思维是从相反的角度来看待问题，打破传统的思维模式，从而找到新的解决方案。逆向思维可以帮助人们跳出传统思维的框架，获得更多的灵感和创意。

　　除了留声机之外，人类通过变换视角还发明了许多东西。

　　卫星　过去人们站在地面上仰观天象，卫星出现后，让人们能够俯瞰地球。这不仅拓宽了人们对世界的认知，还为学术、军事和商业领域提供了许多便利。

　　壁挂式电视　通过将电视挂在墙上的方式解决了传统电视笨重且占地方的问题。这个想法最早是由一位美国工程师于1936年提出的。

　　青蒿素　传统的药物研究方法通常是先在实验室中合成大量化合物，然后逐一进行药效测试。然而，通过逆向思维，研究人员开始从自然界中寻找药物。例如，青蒿素是一种治疗疟疾的药物，它就是从一种名为青蒿的植物中提取的。

主体附加，独特创造

水开报警器的发明

发明实例：水开报警器

创新思维：主体附加

机制原理：通过水蒸气吹响哨子，从而报警

　　主体附加方法的核心是通过在现有事物的基础上附加新的元素和功能来实现创造性改进，扩大原有事物的应用范围，提升其使用价值。我们身边有许多物品都是通过主体附加的方式创造出来的，例如烧水壶上的报警器。

水开报警器发明之前

　　在水开报警器发明之前，烧开水还是一个让人操心费神的事情。人们常常担心水烧开的时候没有人在旁边，需要时不时地察看，或者干脆守在旁边。

水开报警器是怎样发明的

　　水开报警器实际上就是将哨子嵌入水壶的壶盖中，当水壶中的水沸腾时，大量水蒸气喷出，哨子会被吹响，提醒人们水已经烧开了。这种可以报警的烧水壶在生活中有着普遍的应用，可以避免水被烧干、壶被烧坏、引起火灾等。

　　水开报警器的发明已经有很多年了，它并没有一个明确的发明者，可以说，它是人们生活智慧的结晶。但是在它的背后流传

水开报警器的
制作方法

1 将水壶壶盖顶部的帽子扭下来。

2 制作一个原木塞，下端大小与顶口一致，上端可稍大一些。用小刀在原木塞的上端开一个孔洞，把哨子嵌入孔洞里。

水开报警器的发明是将哨子附加在水壶之上，在水烧开的时候，通过水蒸气"吹哨"而实现报警。

着一个有趣的小故事。

　　有一个爱好徒步的年轻人，名叫杰克。有一次在旅行过程中，天气突变，杰克因迷失方向而忧心忡忡。为了求救，他便吹起了随身携带的哨子，可是只吹了一会儿就用光了力气。后来，他灵机一动，将哨子装在水壶的顶部，水烧开后，哨子发出了响亮的声音，从而引起了其他人的注意。杰克因此摆脱了困境，安全回到了正确的徒步路线上。

3 将带有哨子的原木塞塞入壶盖的顶口。

4 一只会"吹哨"的水壶就做好了。等壶内的水烧开之后，由于蒸汽的作用，哨子就会发出尖厉的声音。

啊，水开了！

"水开报警器" 发明之后

水开报警器发明之后，人们在烧水的时候就能方便地得知水烧开的信息，而不需要时刻守在一旁。

带报警器的水壶还可以避免因忘记熄火而引起的火灾，保障了人身财产的安全。

另外，这个装置也能帮助军人能在紧急情况下用它来传递信号和召集战士。

通信工具

可以在露营中用作集结信号或团队成员之间的通信工具。

防止火灾

提醒主人水开了，避免出现水被烧干、壶被烧坏、引起火灾等情况。

水开报警器的用途

在野外活动中作为紧急信号装置

当人们迷失在野外、遇到危险或需要救援的时候，可以通过吹响水壶上的哨子来求助。

节省时间和精力

烧水过程无须看守，人们可以集中精力做其他事情。

知识爆料馆

　　在发明创造的过程中，"主体附加"是经常使用的一种方法。这种方法是指在现有产品或技术的基础上，添加新的功能或特征，以提高其性能，满足新的需求或降低成本。这种方法广泛应用于各个领域，包括电子、机械、医疗、建筑等。

　　主体附加的优点在于，它是在现有产品或技术的基础上进行改进，不仅提高了产品的性能和竞争力，而且减少了研发成本和时间。

　　通过主体附加的方式，人们还创造了许多发明。

　　带橡皮的铅笔　将橡皮附加在铅笔上，方便使用者随时随地纠正错误。

　　带灯的笔　将小灯泡附加在笔上，可以在夜间或光线不足的环境下阅读或写作。

　　带计算器的手表　将小型计算器附加在手表上，方便使用者随时随地进行简单的数学计算。

　　带音乐播放器的眼镜　将小型音乐播放器附加在眼镜上，可以让使用者在不方便手持设备的情况下听音乐或音频。

　　这些都是通过在原有主体上添加新的元素，从而实现创新和发明的。这种思维方式可以启发我们在日常生活中寻找新的组合和搭配，发现更多的创新点。

强强组合，多多尝试

瑞士军刀的发明

发明实例：瑞士军刀

创新思维：强强组合

机制原理：通过组合折叠将多种工具融合到一把刀上

　　强强组合的思维方式是发明过程中的一大利器，可以催生出许多创新发明。这种思维模式的关键在于将不同种类、不同领域的知识相结合，以创造出前所未有的成果。这些听起来有点遥远，但我们从身边的瑞士军刀中就可以窥见这一发明理念的精髓，一起来看看吧。

瑞士军刀发明之前

　　在瑞士军刀发明之前，军队使用的是普通的刀具，功能比较单一，而且不方便携带。当时军队在行军打仗的时候，经常需要打开啤酒桶、削尖木棍和打开包裹等，多种工具的应用和携带是一件非常麻烦的事情。

瑞士军刀是怎样发明的

　　瑞士军刀的发明可以追溯到19世纪末。当时，瑞士军队的军刀基本上是法国制造的，但瑞士士兵觉得这些军刀不够实用。于是，瑞士军方开始寻找一种更实用的军刀。

　　在1884年，瑞士军队的士兵卡尔·埃尔森开始设计自己的军刀。他的设计理念是将多种工具结合在一起，以便在紧急情况下使用。他设计了一种刀片，上面带有锯子、剪刀、指甲刀和其他一些小工具。

瑞士军刀的原理

1 主体是一把坚固的刀身，通常由高质量的合金制成。

2 刀身中包含许多不同的工具，有剪刀、指甲锉、螺丝刀、罐头起子、开瓶器等。

像汉堡包一样！

3 折叠设计

这种设计使得刀可以在不用时折叠起来，变成一个更小、更方便携带的物品。里面的锁定可以确保刀在使用时保持稳定，并且不会意外折叠或打开。

瑞士军刀不仅使用方便，而且外观精美，有许多不同的品牌和型号可供选择，其个性化的用途也为其赋予了一种收藏价值。

这种军刀不仅实用，而且便携，可以放在口袋里，很快就受到了瑞士军方的认可，并开始在军队中广泛使用。随着时间的推移，瑞士军方不断改进这种军刀，增加了更多的工具和功能。

如今，瑞士军刀已成为世界闻名的品牌，并被广泛用于军事、探险、工业和日常生活中。它不仅是一种实用的工具，也是一种具有收藏价值的纪念品。

瑞士军刀发明之后

瑞士军刀的设计非常精巧，将许多不同的工具组合在一把刀上，这种实用性使其迅速在瑞士军队中流行开来，大大方便了军人的生活和工作，并逐渐成为瑞士的象征之一。

在第二次世界大战期间，瑞士军刀受到了其他国家士兵的欢迎。随着科技的不断进步，瑞士军刀也在不断更新。现在的军刀通常配备有刀片、剪刀、锯子、开瓶器、螺丝刀、钳子、指甲锉、钢笔、LED手电筒等多种工具。

如今，它不仅仅是瑞士军队的标配刀具，也成为许多人日常生活中实用的工具。

剥皮
用来剥去果皮、鱼皮等，也可以剥去坚果的外壳。

切割
用来切割各种材料，如包装纸、绳索、树枝等。

开罐头
用来打开罐头，方便实用。

瑞士军刀的用途

剔物
用来剔除指甲边缘的污垢和死皮。

调螺丝
用来拧松或拧紧螺丝，特别是当没有其他工具可用时。

开瓶盖
用来打开瓶盖，尤其是红酒瓶等比较难开的瓶盖。

知识爆料馆

　　强强组合，就是将两个或多个强大的元素组合在一起，甚至跨越不同学科，产生出更为强大的创新成果。这种思维方式基于"叠加优势"的原则。

　　在创新和发明的过程中，强强组合的思维方式往往能够产生独特且具有影响力的成果。下面我们再举一些例子。

　　磁共振成像（MRI）　这是医学领域的一项重大突破。这项技术结合了强大的磁场、无线电脉冲和计算机成像技术，使医生能够无创观察人体的内部结构，在许多疾病的诊断和治疗方面发挥了巨大的作用。

　　激光　激光是光学和电子学的组合。它们产生的光束具有极高的亮度和指向性。激光在众多领域中得到广泛应用，包括切割、焊接、照明、数据存储和通信等。

　　智能隐形眼镜　随着微型电子技术和生物医学工程的迅猛发展，智能隐形眼镜出现了。它将微型电子器件和传感器集成到隐形眼镜中，以监测眼部健康和诊断疾病，同时提供实时数据和提醒。

　　无人机（无人驾驶飞机）　无人机是航空、自动化和通信技术的完美结合。这些飞行器可以在没有人类飞行员的情况下执行各种任务，包括侦察、物流配送、农业调查、地质勘察和救援行动等。